U0590151

技工院校"十四五"工学一体化教材

数控机床调整与维修

主　编　赵月霞　苏悦飞

副主编　柯云廷　姜永胜　郭志辉

中国水利水电出版社
www.waterpub.com.cn
·北京·

内 容 提 要

　　本教材以项目为导向，对数控机床的基本结构、工作原理、调整方法、故障诊断与维修技术等内容进行了系统全面的解析。全书共 8 个项目，内容包括数控机床基础知识、FANUC 数控系统基本操作训练、FANUC 数控系统的备份与还原、FANUC 数控机床参数设定、FANUC 数控系统的硬件连接、FANUC 数控机床电气线路连接训练、数控机床部件安装与调试、数控机床故障诊断与维修。教材精选大量丰富案例，还配有丰富的视频资源、脚本和课件，扫描书中二维码即可在线学习。教材将理论与实践相结合，内容深入浅出，具有较强的实用性和针对性。

　　本教材可作为中高职学生机械类专业的配套教材，也可作为培训机构和企业的培训技能中级认定实训教材，以及相关技术编程人员的参考用书。

图书在版编目（CIP）数据

数控机床调整与维修 / 赵月霞，苏悦飞主编.
北京：中国水利水电出版社，2025. 5. -- ISBN 978-7
-5226-3492-0
Ⅰ. TG659.027
中国国家版本馆CIP数据核字第20253Y3E52号

书　　名	技工院校"十四五"工学一体化教材 **数控机床调整与维修** SHUKONG JICHUANG TIAOZHENG YU WEIXIU
作　　者	主　编　赵月霞　苏悦飞 副主编　柯云廷　姜永胜　郭志辉
出版发行	中国水利水电出版社 （北京市海淀区玉渊潭南路 1 号 D 座　100038） 网址：www.waterpub.com.cn E-mail：sales@mwr.gov.cn 电话：（010）68545888（营销中心）
经　　售	北京科水图书销售有限公司 电话：（010）68545874、63202643 全国各地新华书店和相关出版物销售网点
排　　版	中国水利水电出版社微机排版中心
印　　刷	天津嘉恒印务有限公司
规　　格	184mm×260mm　16 开本　11 印张　268 千字
版　　次	2025 年 5 月第 1 版　2025 年 5 月第 1 次印刷
印　　数	001—800 册
定　　价	**45.00 元**

前　言

　　在党的二十大精神的光辉指引下，我国正迈入全面建设社会主义现代化国家的新征程，迈向第二个百年奋斗目标的关键时期。党的二十大报告强调了深入实施人才强国战略，培养造就包括高技能人才在内的国家战略人才力量，这为职业教育的发展指明了方向，也为中等职业学校学生的成长成才提供了广阔舞台。

　　数控机床作为现代制造业的核心设备，其调整与维修技术的掌握对于提高我国制造业的整体水平具有重要意义。本书正是基于这一背景，结合中等职业学校学生的特点和需求，旨在培养具备数控机床调整与维修技能的高素质技能型人才。

　　中等职业学校学生作为职业教育的重要组成部分，他们具有职业选择明确、实践能力较强和学习动机明确等特点。他们渴望通过学习获得实用的技能和知识，以便更好地适应职业发展需求。因此，本书在编写过程中，充分考虑中职学生的学习特点和实际需求，力求做到理论与实践相结合，注重培养学生的实践能力和创新精神。

　　本教材内容涵盖数控机床的基本结构、工作原理、调整方法、故障诊断与维修技术等多个方面。通过详细的理论讲解和丰富的实践案例，使学生全面了解数控机床的相关知识，掌握数控机床的调整与维修技能。同时，本书还注重培养学生的职业素养和团队合作精神，引导学生树立正确的职业观念，为将来的职业发展奠定坚实的基础。此外，本书还配备了相关操作视频与知识题，让读者能够在较短的时间内掌握教材的内容，及时检查学习效果，巩固和加深对所学知识的理解。

　　在学习本书的过程中，我们鼓励学生积极参与实践操作，通过动手实践来加深对理论知识的理解。同时，也希望学生能够注重团队协作和沟通能力的培养，学会与他人合作，共同解决问题。

　　此外，本书还强调创新在职业发展中的重要性，鼓励学生勇于探索新技术、新方法，不断提升自己的创新能力和实践能力，为推动我国制造业的高质量发展贡献自己的力量。

在党的二十大精神的引领下，让我们共同努力，为培养更多具备数控机床调整与维修技能的高素质技能型人才而奋斗。相信通过本书的学习，中职学生将能够在未来的职业生涯中展现出更加出色的能力和风采。

编者

2024 年 9 月

"行水云课"数字教材使用说明

"行水云课"水利职业教育服务平台是中国水利水电出版社立足水电、整合行业优质资源全力打造的"内容"＋"平台"的一体化数字教学产品。平台包含高等教育、职业教育、职工教育、专题培训、行水讲堂五大版块，旨在提供一套与传统教学紧密衔接、可扩展、智能化的学习教育解决方案。

本套教材是整合传统纸质教材内容和富媒体数字资源的新型教材，它将大量图片、音频、视频、3D 动画等教学素材与纸质教材内容相结合，用以辅助教学。读者可通过扫描纸质教材二维码查看与纸质内容相对应的知识点多媒体资源，完整数字教材及其配套数字资源可通过移动终端 APP、"行水云课"微信公众号或中国水利水电出版社"行水云课"平台查看。

扫描下列二维码可获取本书的数字资源。

视频

脚本

课件

目 录

项目 1
数控机床基础知识

项目导入

数控机床，作为数控技术的集大成者，其核心在于运用数字信号来精准指挥机床的各项运动及其复杂的加工流程。在机械加工这一广阔领域中，数控机床的应用极为普遍且关键，它不仅显著提升了加工产品的精度与效率，还极大地推动了生产过程的自动化与智能化进程。

本项目将深入探索数控机床的基本架构与组成部分，通过系统化的学习，理解并掌握各部件之间的精密协作关系及其背后的技术原理。这一过程不仅能帮助我们构建起对数控机床全面而深刻的认识，还能使我们更加清晰地认识到，在不同工业应用场景下，数控机床如何灵活调整其功能与性能，以满足多样化的加工需求。

任务目标

- **知识目标**
1. 了解数控技术基础概念。
2. 知道 NC（CNC）在不同场合所代表的意义。
3. 了解数控铣床、加工中心与 FMC 在结构与功能上的区别。
- **能力目标**
1. 能够区分数控铣床、加工中心与 FMC。
2. 能够区分数控机床的基本组成部件。
- **素养目标**
1. 培养学生严谨认真、精益求精的工匠精神。
2. 激发学生对工作的热爱和对完美的追求，树立正确的职业态度和价值观。

相关知识

任务 1.1 数控机床概况

1.1.1 数控技术与数控机床

在当今高度自动化与智能化的工业时代，数控技术与数控机床（CNC Machine Tools）无疑扮演着举足轻重的角色。它们不仅是制造业转型升级的重要推手，更是提升生产效率、保证加工精度、实现柔性生产的关键所在。本章将从数控技术的定义、发展历程、核心特点以及数控机床的应用与优势等方面，深入探讨这一对现代制造业的"黄金搭档"。

1. 数控技术

数控（numerical control，NC）是利用数字化信息对机械运动及加工过程进行控制的一种方法，由于现代数控都采用了计算机控制，故又称计算机数控（computerized numerical control，CNC）。

为了对机械运动及加工过程进行数字化控制，需要有相应的硬件和软件，这些用来实现数字化控制的硬件和软件的整体称为数控系统（numerical control system，现代更常用 computer numerical control system，CNC），其中，用来实现数字化控制与信息处理的核心部件称为数控装置。

因此，NC（CNC）一词在不同的场合有三种不同的含义：①在广义上是一种控制技术——数控技术的简称；②在狭义上是一类控制系统——数控系统的简称；③在部分场合还可是一种物理设备——数控装置的简称。

数控技术突破了传统机床依赖人工操作或机械传动的局限，通过预先编写的加工程序，实现机床的自动化、高精度和灵活性。数控技术的核心在于数字化指令的生成、传输与处理，这些指令被转化为机床各部件的精确运动，从而完成复杂的加工任务。

数控技术自 20 世纪中叶诞生以来，经历了从简单到复杂、从单一到多元的发展历程。早期的数控系统多为硬件式，功能相对有限，且操作复杂。随着计算机技术的飞速发展，软件式数控系统逐渐成为主流，不仅大大简化了操作界面，还提升了系统的灵活性和可扩展性。如今，数控技术已经广泛应用于航空航天、汽车制造、模具加工、精密仪器等各个领域，成为现代制造业不可或缺的一部分。

2. 数控机床

数控机床，作为数控技术的直接体现，是一种装有程序控制系统的自动化机床，如图 1.1 所示。它集机械、电子、计算机、自动控制等多种技术于一体，能够按照预设的加工程序，自动完成工件的切削、磨削、钻孔、铣削等多种加工操作。数控机床的出现，极大地提高了加工精度和生产效率，降低了对操作人员的技能要求，同时也促进了生产过程的标准化和规范化。

图 1.1　数控机床

数控机床的种类繁多，根据加工方式的不同，可分为铣床、车床、磨床、钻床等多种类型。每种类型的数控机床都有其独特的加工特点和适用范围。例如，数控铣床适用于复杂曲面的加工，数控车床则擅长于轴类零件的加工。此外，随着技术的进步，数控机床还逐渐向高速化、高精度化、复合化方向发展，以满足日益增长的加工需求。

数控机床相比传统机床具有显著的优势。首先，它能够实现高精度加工，加工精度可达到微米级甚至更高；其次，数控机床的自动化程度高，能够大大减少人工干预和劳动强度；再次，数控机床的灵活性强，能够快速适应不同工件的加工需求；最后，数控机床具备较好的稳定性和可靠性，能够长时间连续工作而不易出现故障。

在应用领域方面，数控机床几乎涵盖了所有需要高精度、高效率加工的制造业领域。例如，在航空航天领域，数控机床被用于加工复杂的飞机零部件；在汽车制造业中，数控机床则助力实现汽车车身、发动机等关键部件的精确制造；在模具加工行业，数控机床更是不可或缺的设备之一，为各种复杂模具的制造提供了有力的保障。

1.1.2　加工中心与柔性加工单元

1. 加工中心

加工中心是一种先进的数控机床，可以提高加工效率。它集多种加工功能于一体，能够自动完成多种类型的加工操作，如铣削、钻孔、攻丝、镗、攻螺纹等，而无须人工更换设备或重新装夹具，如图 1.2 所示。

加工中心是在数控铣床或数控镗床的基础上增加了自动换刀装置和刀库，从而实现了多种加工功能的集成。这种机床一次装夹即可完成多道工序的加工，大大提高了生产效率和加工精度。加工中心的主要特点包括以下几个。

图 1.2　加工中心

（1）多功能加工：加工中心可以进行车、铣、钻、铰、攻丝等多种加工操作，适应性强，能够满足复杂零件的加工需求。

（2）高精度加工：采用高精度数控系统和高精度主轴，通过一次装夹工件，实现多轴联动，降低误差，提高加工精度。同时，高精度的测量和反馈系统能够实时监测和修正加工误差。

（3）高度自动化：通过使用机器人、自动换刀装置等自动化设备，实现自动化装夹、加工、测量等功能，减轻工人劳动强度，提高生产效率。

（4）高速切削：采用先进的刀具和机床设备，提高切削速度和进给速度，缩短加工时间，提高生产效率，同时减小切削力，提高切削稳定性。

（5）高可靠性和稳定性：采用先进的控制系统和质量检测仪器，确保加工过程的稳定性和持续性，同时确保加工质量符合要求。

加工中心广泛应用于机械制造、汽车、航空航天等领域，是现代制造业中不可或缺的重要设备。随着技术的不断进步，加工中心的功能和性能也在不断提升，为制造业的发展注入了新的动力。

2. 柔性加工单元

柔性加工单元（flexible manufacturing cell，FMC）或 FMC 线则是指柔性加工单元或系统，如图 1.3 所示，它通常包含加工中心、机器人、自动化物流系统、托盘库等，能够灵活适应不同产品生产，实现快速换线调整，提高生产效率和响应市场需求。FMC 强调的是生产系统的模块化、可重构性和适应性，使得生产过程更加灵活、高效和经济。在FMC 中，加工中心是实现高效、自动化加工的核心设备。

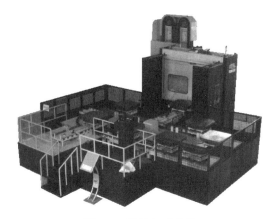

图 1.3 柔性加工单元

FMC 是柔性制造系统（flexible manufacturing system，FMS）的基本组成部分，也是加工中心技术的一种扩展和应用。FMC 一般由一台或几台加工中心、工业机器人、工件自动输送及更换系统等组成，形成一个高度自动化的加工单元。FMC 的主要特点包括以下几个。

（1）高度柔性：FMC 能够根据生产需求灵活调整加工流程，实现多种工件的快速加工和转换。这种柔性不仅体现在加工设备的多样性上，还体现在加工过程的灵活性和可变性上。

（2）高自动化程度：通过集成多种自动化设备和技术，FMC 实现了从工件上料、加工到下料的全程自动化，减少了人工干预，降低了劳动强度。

（3）高效生产：FMC 通过优化加工流程和提高加工效率，实现了高效生产。同时，其高自动化程度也降低了生产过程中的故障率，减少了停机时间。

（4）适应性强：FMC 能够适应不同种类、不同规格工件的加工需求，为制造业提供了更加灵活和多样化的生产方案。

FMC 的应用广泛，包括汽车制造、航空航天、电子电器等多个领域。在现代制造业中，FMC 已经成为实现柔性化生产、提高生产效率和质量的重要手段之一。

3．加工中心与 FMC 的关系

加工中心是 FMC 的基本组成单元之一，两者在功能和特点上存在密切的联系和互补性。加工中心通过集成多种加工功能和高精度加工能力，为 FMC 提供了强大的加工支持；而 FMC 则通过集成多种自动化设备和技术，实现了加工过程的全面自动化和高效化。两者相结合，共同推动现代制造业向更高效、更智能、更柔性的方向发展。

1.1.3 数控车床与车削中心

数控车床（CNC lathe）和车削中心（turning center）是两种用于车削加工的自动化机床，它们在功能和应用上有所重叠。

1．数控车床

数控车床是目前数控机床中产量最大、应用最广的数控机床之一，是一种使用数字控制技术驱动的自动化机床，通过事先编程的指令来控制刀具的精确移动，实现金属或其他材料的切削加工，如图 1.4 所示。

数控车床的主要特点包括以下几个。

（1）高精度加工：数控车床采用高精度数控系统和伺服电机，通过精确控制刀具的运动轨迹和切削参数，实现高精度加工。其

图 1.4 数控车床

加工精度可达到微米级甚至更高，满足精密制造的需求。

（2）高效率生产：数控车床具有自动化程度高、加工速度快的特点。通过预先编制好的加工程序，数控车床能够自动完成工件的加工过程，减少人工干预和停机时间，提高生产效率。

（3）多功能性：数控车床不仅具备车削功能，还可以根据需要进行钻、铣、镗等多种加工操作。通过更换不同的刀具和夹具，数控车床能够加工出形状复杂、精度要求高的零件。

（4）灵活性：数控车床具有较高的灵活性，能够适应不同种类、不同规格工件的加工需求。通过调整加工程序和切削参数，数控车床可以轻松地实现不同工件的加工转换。

2. 车削中心

车削中心是一种高度自动化和多功能的数控机床，专为旋转体零件的加工设计。

相较于传统车床，车削中心在加工能力、自动化水平和效率方面有着显著的提升。如图 1.5 所示，车削中心以车床为基本体，并在其基础上进一步增加动力铣、钻、镗，以及副主轴的功能，使车件需要二次、三次加工的工序在车削中心上一次完成。其在航空航天、汽车、医疗、精密机械、模具、电子、流体零件制造等多个行业广泛应用，满足复杂零件的高效、高精度加工需求，是现代制造业的关键设备之一。随着技术的发展，车削中心不断集成更多智能功能，如在线检测、自适应控制，进一步提升性能。

车削中心的主要特点包括以下几个。

（1）复合加工能力：车削中心集多种加工功能于一体，能够在一次装夹中完成车、铣、钻、镗等多种加工操作。这种复合加工能力大大提高了加工效率和加工精度，减少了工件在不同机床之间的转运和重新装夹时间。

（2）高精度加工：车削中心采用高精度数控系统和伺服电机驱动各轴运动，通过精确控制刀具的运动轨迹和切削参数，实现高精度加工。其加工精度可达到微米级甚至更高，满足精密制造的需求。

图 1.5　车削中心

（3）自动化程度高：车削中心具有高度的自动化程度，能够自动完成工件的装夹、加工、测量和卸料等全过程。通过集成多种自动化设备和技术，车削中心实现了加工过程的全面自动化和高效化。

（4）柔性化生产：车削中心具有较高的柔性化生产能力，能够根据生产需求灵活调整加工流程和加工参数。通过更换不同的刀具和夹具以及调整加工程序，车削中心能够加工出不同种类、不同规格的零件，满足多样化生产的需求。

3. 数控车床与车削中心的区别

数控车床与车削中心在加工能力、自动化程度以及加工范围等方面存在一定的区别。数控车床主要侧重于车削加工，通过高精度数控系统和伺服电机实现工件的旋转表面加工；而车削中心则是一种复合加工机床，集多种加工功能于一体，能够在一次装夹中完成多种加工操作。此外，车削中心在自动化程度和柔性化生产能力方面通常要高于数控车床，能够更好地适应多样化生产的需求。

1.1.4　FMS 与 CIMS

1. FMS 的深度解析

FMS，即柔性制造系统，是现代制造业中的一颗璀璨明珠。它巧妙地将一组数控机床、其他自动化工艺设备以及先进的计算机信息控制系统和物料自动储运系统融为一体，形成了一个高度灵活、适应性强的生产综合体。FMS 的核心在于其"柔性"特质，这种柔性不仅体现在加工设备的多样化与可配置性上，更在于其能够迅速响应市场变化，灵活调整生产流程，以满足多品种、小批量的生产需求。

FMS 由三大子系统紧密协作而成：加工子系统、物流子系统以及信息流子系统。加工子系统是 FMS 的心脏，它通过高精度、高效率的数控机床和其他自动化设备，实现复杂零件的加工与制造；物流子系统如同 FMS 的血脉，负责原材料、半成品及成品的自动化储存、运输与分配，确保生产流程的顺畅无阻；信息流子系统则是 FMS 的神经中枢，它通过计算机信息控制系统，实时监控生产状态，优化资源配置，确保整个系统的协调运作。

2. CIMS 的全面展望

与 FMS 相辅相成的是计算机集成制造系统（computer integrated manufacturing system，CIMS）。CIMS 是信息技术、自动化技术与制造技术深度融合的产物，它代表了制造业未来发展的必然趋势。CIMS 不仅是对传统制造过程的简单自动化升级，而且还是一场深刻的生产模式与管理模式的变革。

CIMS 通过计算机技术，将原本孤立分散在产品设计、加工制造、检验、销售及售后服务等各个环节的自动化子系统紧密集成起来，形成了一个高度集成化、智能化的制造系统。这种集成化不仅拓宽了自动化的广度，使整个制造过程从市场预测到售后服务都能够实现信息的无缝对接与共享；同时也加深了自动化的程度，通过智能算法与决策支持系统，实现了对物资流与信息流的双重控制，既减轻了体力劳动者的负担，又提高了脑力劳动者的效率与创造力。

CIMS 的出现，标志着制造业正式步入数字化、网络化、智能化的新时代。它为企业提供了前所未有的灵活性与竞争力，使企业能够更加快速地响应市场需求变化，更加高效地组织生产资源，更加精准地控制产品质量与成本，从而在激烈的市场竞争中脱颖而出。

任务 1.2　数控机床的基本组成

按照组成部件的特性，习惯上将数控机床分为机械装置（包括液压、气动部件等）与电气控制系统两大部分。机械装置是用来实现刀具运动的机床结构部件、液压和气动部件、防护罩、冷却系统等附属装置，它们在功能和作用上与普通机床没有太大的区别。

数控机床与普通机床的主要区别体现在电气控制系统上，数控机床的电气控制系统不仅包括普通机床的低压电气控制线路、可编程逻辑控制器（PLC），且还需要有实现数字化控制与信息处理的数控装置（CNC）、操作/显示装置（MDI/LCD 面板）、运动控制装置（伺服驱动器、主轴驱动器）、执行装置（伺服电动机、主轴电动机）、测量装置（光栅与编码器）等组成部件。如图 1.6 所示为数控机床的组成。

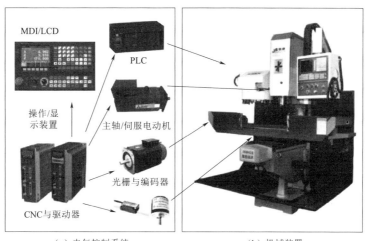

（a）电气控制系统　　　　　　　　（b）机械装置

图 1.6　数控机床的组成

1.2.1　数控机床的组成

数控机床是数字控制机床（computer numerical control machine tools）的简称，是一种装有程序控制系统的自动化机床。

1. 机械装置部分

（1）床身：作为数控机床的基石，床身通常由高强度铸铁或优质钢材铸造而成，确保机床在高速运转和重负荷加工时依然保持极高的刚性和稳定性。

（2）导轨系统：包括精密设计的直线导轨和滚柱导轨，这些导轨不仅支撑机床的移动部件，还确保它们沿着精确的轨迹平滑移动，从而提高加工精度。

（3）主轴箱：内置主轴及其精密轴承，是刀具旋转的核心部件，其性能直接影响切削效率和加工质量。

（4）工作台：用于稳固地夹持工件，确保在加工过程中工件位置不变，是实现高精度加工的重要保证。

（5）移动部件：如滑块、立柱、横梁等，这些部件在导轨系统上灵活移动，实现工件与刀具之间的精确相对位置调整，满足复杂加工需求。

（6）液压与气动系统：液压系统通过高压液体提供强大动力，驱动如液压夹具等部件；气动系统则利用压缩空气驱动气缸等元件，实现快速、简便的动作控制。

（7）刀具库与自动换刀装置：为提高加工效率，数控机床配备有自动换刀装置，能够在加工过程中自动更换刀具，而刀具库则用于存放备用刀具，确保连续加工。

2. 电气控制系统部分

（1）低压电气控制线路：是数控机床电气控制系统的基础部分，负责提供机床各部件所需的电力，并控制机床的基本运行，如启动、停止、照明、冷却等。低压电气控制线路通常包括电源开关、熔断器、接触器、继电器等元件，用于保护和控制机床的电气系统。

（2）可编程逻辑控制器（PLC）：是数控机床中用于处理开关量逻辑控制的装置。它通过编程实现机床的各种逻辑控制功能，如刀具选择、换刀、夹紧与松开工件等。PLC

与 CNC 系统紧密配合，共同实现机床的自动化控制。

（3）数控装置（CNC）：是数控机床的核心部件，负责接收和处理加工程序，将其转换为机床各轴的运动指令。CNC 系统具有强大的计算能力和存储能力，能够处理复杂的加工任务和多种加工策略。它还具备自诊断功能，能够实时监测机床的运行状态，并及时报警或停机以保护机床和工件。

（4）操作/显示装置（MDI/LCD 面板）：MDI（手动数据输入）和 LCD（液晶显示器）面板是数控机床的人机交互界面。操作人员可以通过 MDI 面板手动输入加工指令或参数，通过 LCD 面板查看机床的运行状态、加工信息或报警信息。这些装置使得机床的操作更加直观、方便。

（5）运动控制装置（伺服驱动器、主轴驱动器）：伺服驱动器和主轴驱动器是数控机床中用于控制电机运动的装置。伺服驱动器接收 CNC 系统的运动指令，驱动伺服电动机按照预定的轨迹和速度进行运动。主轴驱动器则控制主轴电动机的转速和转向，以满足加工过程中的不同需求。

（6）执行装置（伺服电动机、主轴电动机）：伺服电动机和主轴电动机是数控机床的执行机构，它们将电能转换为机械能，驱动机床各轴和主轴进行运动。伺服电动机具有高精度、高响应速度的特点，能够满足数控机床对运动精度的要求。主轴电动机则负责驱动主轴旋转，实现工件的切削加工。

（7）测量装置（光栅与编码器）：光栅和编码器是数控机床中的测量装置，用于实时反馈机床各轴的位置和速度信息。光栅通过光电效应原理测量位移，具有高精度和稳定性好的特点。编码器则通过编码盘和读数头将机械转角转换为电信号，用于测量旋转角度和速度。这些测量装置为 CNC 系统提供了准确的反馈信号，使得机床能够实现闭环控制，进一步提高加工精度和效率。

1.2.2 数控系统的组成

数控系统主要用于控制数控机床的自动化操作。任何数控系统都必须有输入/输出装置（操作/显示装置）、伺服驱动（驱动器及电动机）系统、数控装置这三大基本组成部件，除此之外，还有其他辅助系统等，如图 1.7 所示。

图 1.7 数控系统

1. 输入/输出装置

输入/输出装置是数控系统与操作者、外部设备以及机床其他电气部件之间进行信息交换的桥梁。其主要功能如下。

（1）信号交换：实现数控系统与机床其他电气元件之间的指令接收与状态反馈。

（2）用户界面：如键盘、显示器等，用于操作者输入控制命令、查看加工状态及程序信息。

（3）数据存储与传输：在高级系统中，配备存储器卡插槽，便于程序的存储与交换；同时，通过网络通信接口，实现与计算机、打印机等外部设备的连接，支持远程监控与数据传输。

2. 伺服驱动系统

伺服驱动系统是数控系统中将电信号转换为机械运动的关键环节，它决定了机床的运动精度与响应速度。该系统主要由两部分组成。

（1）伺服驱动装置：负责接收来自数控装置的控制指令，并将其放大以驱动伺服电机。

（2）伺服电机：直接驱动机床的移动部件，如主轴、工作台等，按照预定轨迹和速度进行精确运动。

通过伺服驱动系统的精确控制，机床能够实现对刀具位置、速度及加速度的精确调节，确保加工过程的稳定性和准确性。

3. 数控装置

数控装置是数控系统的核心大脑，它集成了硬件与软件资源，负责整个加工过程的控制与管理。其主要功能包括以下几个。

（1）硬件组成：包括输入/输出接口、控制器、运算器和存储器等，这些硬件部件共同构成数控装置的基础架构。

（2）软件支持：运行专用的操作系统和数控软件，实现对输入控制命令与数据的编译、运算和处理。

（3）控制指令生成：根据加工程序，通过"插补"运算生成各坐标轴的进给速度和位移指令。这些指令经伺服驱动器放大后，驱动刀具沿预定轨迹运动，实现精确加工。

（4）实时监控与调整：在加工过程中，数控装置还负责实时监控机床状态，并根据反馈信息进行必要的调整和优化，以确保加工质量。

任务 1.3 数控机床的分类

数控机床根据工艺用途、运动方式、控制方式有多种分类方法。

1.3.1 按工艺用途分类

数控机床按工艺用途分类主要依据其在金属切削、成型、特种加工等领域的具体应用，以下是主要分类。

1. 普通数控机床

普通数控机床一般指在加工工艺过程中的一个工序上实现数字控制的自动化机床，如数控铣床、数控车床、数控钻床、数控磨床与数控齿轮加工机床等。普通数控机床在自动化程度上还不够完善，刀具的更换与零件的装夹仍需人工来完成。

2. 加工中心

加工中心是指带有刀库和自动换刀装置的数控机床，它将数控铣床、数控镗床、数控钻床的功能组合在一起，零件在一次装夹后，可以对其大部分加工面进行铣削。

1.3.2　按运动方式分类

1. 位控制数控机床

位控制数控机床是一种采用数字控制技术来控制机床移动部件精确地从一个位置移动到另一个位置的设备，而不连续控制移动路径。这类机床主要用于那些对加工过程中只需要准确到达预定位置进行操作的作业，而不在乎中间过程路径的应用场景。这类数控机床主要有数控钻床、数控坐标镗床、数控冲床等。

2. 直线控制数控机床

直线控制数控机床不仅能够精确控制机床在 X、Y、Z 等轴方向上的点位移位，还能控制这些轴之间的直线移动速度和轨迹。与点位控制机床相比，直线控制机床提供了更高级的功能，允许在平面上的直线路径加工，但还不涉及复杂曲面的连续过渡。这类数控机床主要有比较简单的数控车床、数控铣床、数控磨床等。单纯用于直线控制的数控机床已不多见。

3. 轮廓控制数控机床

轮廓控制数控机床是数控机床的一种高级类型，能够对两个或更多轴进行连续且协调的位移位和速度控制，以满足零件轮廓加工需求。这种控制不仅关注起点和终点，而且控制整个加工轮廓上的每一点的速度和位移位，确保工件被精确加工成期望的形状。这类数控机床主要有数控车床、数控铣床、数控线切割机床、加工中心等。

1.3.3　按控制方式分类

1. 开环控制数控机床

开环控制数控机床，又称无反馈数控机床，是最早期的数控技术形式之一，也是最简单的控制系统。在开环系统中，数控装置发出指令给驱动装置（通常是步进给系统），但不依赖任何来自工作部件实际位置或状态的反馈来调整这些指令。

2. 半闭环控制数控机床

半闭环控制数控机床是数控系统中的一种类型，它结合开环控制的直接驱动指令传递与闭环控制的反馈机制，提高了系统精度和动态性能。半闭环系统在伺服电机或丝杠上装有角位移位检测装置（如光电编码器、磁编码器），但不在最终工作台或工件上，故称为半闭环。其控制精度虽不如闭环控制数控机床，但调试比较方便，因而被广泛采用。

3. 闭环控制数控机床

闭环控制数控机床亦称全闭环系统，是数控技术中最为精密和复杂的一类。在闭环系统中，除了在伺服电机或丝杠上有反馈装置外，还直接在工作台或工件上安装直线位移位检测装置，如光栅尺、磁栅尺或激光测距仪，直接测量工件实际位置与指令位置比较，即时反馈给 CNC 装置，进行误差修正。

任务 1.4　普及型与全功能 CNC 机床

在数控机床的广阔领域中，普及型 CNC 机床与全功能 CNC 机床作为两大重要分支，各自承载着不同的市场定位与应用需求。它们不仅在功能、性能、成本等方面存在显著差异，更在推动制造业发展、满足不同加工需求上发挥着不可替代的作用。

普及型 CNC 机床与全功能 CNC 机床作为数控机床领域的两大重要分支，各自在推动制造业发展、满足不同加工需求方面发挥着重要作用。普及型 CNC 机床以其经济实用、易于操作的特点广泛应用于中小企业、教育培训和个人用户中；而全功能 CNC 机床则凭借其高精度、高效率、高度自动化的优势成为高端制造业和科研领域的首选设备。随着科技的不断进步和市场需求的不断变化，这两种类型的 CNC 机床将继续在各自的领域内不断创新和发展。

1.4.1　普及型 CNC 机床

1. 定义

普及型 CNC 机床，顾名思义，是指那些设计简单、操作便捷、成本相对较低，旨在广泛普及于中小型制造企业、教育机构及个人用户中的数控机床。这类机床通常具备基本的数控加工能力，能够满足一般的铣削、车削、钻孔等加工需求，但在加工精度、速度、自动化程度及扩展功能等方面可能不如高端机型。

2. 主要特点

（1）经济实用：普及型 CNC 机床最大的优势在于其经济实惠的价格，这使得中小企业和初学者更容易地接触到数控加工技术，降低了技术门槛和成本投入。

（2）易于操作与维护：考虑到用户群体的广泛性，普及型 CNC 机床往往采用更为直观的操作界面和简化的维护流程，降低了对操作人员技术水平的要求。

（3）基本功能齐全：尽管定位为"普及型"，但这类机床仍然能够提供包括直线插补、圆弧插补等在内的基本数控加工功能，满足一般加工需求。

（4）灵活性强：普及型 CNC 机床通常具有较好的通用性和灵活性，能够适应多种材料的加工，并在一定程度上支持定制化加工方案。

3. 应用场景

（1）中小企业生产：对于资金有限、加工需求相对简单的中小企业而言，普及型 CNC 机床是提升生产效率、实现自动化加工的理想选择。

（2）教育培训：在职业教育和技能培训领域，普及型 CNC 机床作为教学工具，有助于学员快速掌握数控加工技术的基本原理和操作技能。

（3）个人爱好与 DIY（自己动手制作）：随着数控技术的普及和成本的降低，越来越多的个人用户开始使用普及型 CNC 机床进行创意加工和 DIY 制作。

1.4.2　全功能 CNC 机床

1. 定义

全功能 CNC 机床是数控机床领域的高端产品，集高精度、高效率、高自动化、多轴联动等先进技术于一体，能够满足复杂零件的高精度加工需求。这类机床通常配备先进的数控系统、伺服驱动装置、高精度检测元件等核心部件，并具备强大的软件支持和扩展能力。

2. 主要特点

（1）高精度加工：全功能 CNC 机床采用先进的控制算法和精密的机械结构，能够实现微米级甚至更高精度的加工，满足航空航天、精密仪器等领域的严格要求。

（2）高速度与高效率：通过优化运动控制和刀具路径规划，全功能 CNC 机床能够显著提高加工速度和效率，缩短生产周期。

（3）多轴联动：支持多轴同时协调运动，实现复杂三维曲面的加工，拓展了加工范围和灵活性。

（4）高度自动化：配备自动上下料装置、刀具库及自动换刀系统等，实现无人值守或夜间加工，降低人工成本并提高生产安全性。

（5）智能化与网络化：支持远程监控、故障诊断、工艺优化等智能化功能，并可通过网络与其他设备或系统实现互联互通和数据共享。

3. 应用场景

（1）高端制造业：在航空航天、汽车制造、模具制造等高端制造业领域，全功能 CNC 机床是不可或缺的加工设备之一。

（2）科研与试验：在材料科学、生物医学等科研领域，全功能 CNC 机床用于制备高精度样品和试验件。

（3）定制化生产：在个性化定制和小批量多品种生产模式下，全功能 CNC 机床能够快速响应市场需求变化并提供高质量的产品。

1.4.3 CNC 的特点

CNC 以其高精度、高效率、灵活性、多样性和自动化等优点，在现代制造业中发挥着重要作用。然而，其技术复杂性和高成本投入也为企业和个人带来了一定的挑战。因此，在选择和使用 CNC 时，需要综合考虑各种因素，以确保其效益最大化。

CNC 的特点主要体现在以下几个方面。

1. 高精度与高质量

（1）高精度：CNC 能够精确到几微米甚至更小的尺寸，保证了加工品质的一致性和高精度。这主要得益于计算机对加工过程的精确控制，以及机床本身的高精度和刚性。

（2）高质量：通过预设的程序和精确的机床控制，CNC 加工能够持续稳定地输出高质量的产品。

2. 高效率与自动化程度高

（1）高效率：CNC 加工通过计算机程序自动控制，无须人工操作，显著提高了加工效率和生产速度，一般为普通机床的 3～5 倍。

（2）自动化程度高：CNC 机床能够在无人干预的情况下，按照预设的程序自动完成加工过程，减轻了劳动强度，降低了人工成本。

3. 灵活性与多样性

（1）灵活性：CNC 加工可以根据需求进行快速调整和修改，只需修改计算机程序即可，无须重新制作模具，这大大缩短了产品换型的时间。

（2）多样性：CNC 加工可用于加工各种形状和材料的工件，包括金属、塑料、木材等，具有广泛的适用性。

4. 批量化生产

CNC 加工能够实现自动化生产，适合进行大批量的产品加工，产品质量容易控制，提高了生产效率和经济效益。

5. 技术复杂性与高成本

（1）技术复杂性：CNC 编程是一项高度专业化的工作，需要掌握复杂的编程语言和操作技巧，对操作者要求严格。

（2）高成本：CNC 的实现需要购买昂贵的数控设备和机床，以及进行定期的维护和升级。此外，还需要对操作人员进行专业培训，增加了人力成本。

6. 局限性

（1）特定制造工艺的局限性：虽然 CNC 加工具有诸多优点，但在处理极其复杂的几何形状或需要极高精度的特殊材料时，可能无法完全满足需求。

（2）小批量、定制化生产的挑战：对于小批量、定制化的生产需求，传统的 CNC 数控编程方法可能会因为高昂的成本和长时间的准备工作而变得不那么经济实惠。

任务 1.5　万用表及数控电气元件

1.5.1　万用表使用

万用表也称万用计、多用计、多用电表，是一种多用途电子测量仪器，分为指针万用表和数字万用表两种类型。

万用表由磁电系电流、测量电路和选择开关等组成，可以测量直流电流、直流电压、交流电流、交流电压、电阻和音频电平等，主要用于物理、电气、电子等测量领域。

1. 基本原理

万用表的核心是基于欧姆定律、法拉第电磁感应定律等电学基本原理设计而成。它利用电流表和电阻器的组合，通过选择不同的测量档位和量程，将待测电学量（如电压、电流、电阻）转换为电流，进而在表盘上以指针偏转或数字显示的形式呈现出来。

（1）电压测量：通过并联方式接入电路，测量两点间的电位差。

（2）电流测量：通过串联方式接入电路，测量流过某段电路的电流大小。

（3）电阻测量：内部提供恒定电流（或电压），测量被测电阻两端产生的电压降（或流过的电流），从而计算出电阻值。

2. 各挡位和插孔的含义

数字万用表挡位分布如图 1.8 所示。

万用表上有 4 个插孔，其中两个电流插孔分别是大电流插孔和毫安插孔，第三个是公共插孔，第四个是电压电阻插孔。

接着来认识下具体的挡位作用。

（1）开关挡：用于开启/关闭万用表。

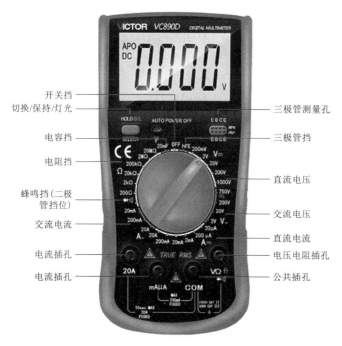

图 1.8 数字万用表挡位分布

（2）三极管挡：用于测试三极管参数，测试三极管时不需要表笔，将三极管插入插孔即可。

（3）直流电压：用于测量电路中的直流电压。

（4）交流电压：用于测量电路中的交流电压。

（5）直流电流：用于测量电路中的直流电流。

（6）交流电流：用于测量电路中的交流电流。

（7）蜂鸣挡（二极管挡）：可以测试二极管单向导通性，蜂鸣挡用于测试线路通断。

（8）电阻挡：用于测量电路中的电阻值，测量时必须断电。

（9）电容挡：用于测量电路中的电容，测量时记得放电。

（10）HOLD：切换/保持/灯光。

3. 使用方法

（1）使用前应熟悉万用表各项功能，根据被测量的对象，正确选用挡位、量程及表笔插孔。

（2）在对被测数据大小不明时，应先将量程开关置于最大值，而后由大量程往小量程挡处切换，使仪表指针指示在满刻度的 1/2 以上处即可。

（3）测量电阻时，在选择适当倍率挡后，将两表笔相碰使指针指在零位，如指针偏离零位，应调节"调零"旋钮，使指针归零，以保证测量结果准确。如不能调零或数显表发出低电压报警，应及时检查。

（4）在测量某电路电阻时，必须切断被测电路的电源，不得带电测量。

（5）使用万用表进行测量时，要注意人身和仪表设备的安全，测试中不得用手触摸表笔的金属部分，不允许带电切换挡位开关，以确保测量准确，避免发生触电和烧毁仪表等事故。

4. 注意事项

（1）在使用万用表之前，应先进行"机械调零"，即在没有被测电量时，使万用表指针指在零电压或零电流的位置上。

（2）在使用万用表过程中，不能用手去接触表笔的金属部分，这样一方面可以保证测量的准确，另一方面也可以保证人身安全。

（3）在测量某一电量时，不能在测量的同时换挡，尤其是在测量高电压或大电流时，更应注意。否则，会使万用表毁坏。如需换挡，应先断开表笔，换挡后再去测量。

（4）万用表在使用时，必须水平放置，以免造成误差。同时，还要注意到避免外界磁场对万用表的影响。

（5）万用表使用完毕，应将转换开关置于交流电压的最大挡。如果长期不使用，还应将万用表内部的电池取出来，以免电池腐蚀表内其他器件。

1.5.2 数控电气元件认知

数控车床的稳定运行和加工能力，不仅依托于其坚固的金属结构框架，还依赖于一系列关键的电气元件。

数控电气元件是指应用于数控机床电气控制系统中，用于实现机床自动化控制、电气信号传输、数据处理及安全防护等功能的各种电器设备。这些元件种类繁多、功能各异，但共同构成了数控机床电气控制系统的核心。

在数控车床的电气系统设计中，关键的电气元件对于确保机床的高效、稳定和精确运行至关重要。以下是一些主要数控电气元件介绍。

1. 变压器

变压器用于将交流电压变换成机床所需的不同数值的交流电压，是电气系统的基础元件。当交流电通过初级线圈时，会在铁芯中产生交变的磁通，这个交变的磁通又会在次级线圈中产生感应电动势，从而实现了电压的变换。

变压器的主要作用是将输入的交流电压转换成机床所需的不同数值的交流电压，以满足机床各种电气设备的工作需求。根据用途和特性的不同，变压器可以分为多种类型，包括但不限于电源、音频、中频、高频变压器以及脉冲变压器。

在选择变压器时，需要根据数控电气系统的具体需求和参数进行综合考虑，包括输入电压、输出电压、电流、功率、频率、绝缘等级、环境条件等因素。同时，还需要注意变压器的安装位置、接线方式、维护保养等事项，以确保其正常运行和延长使用寿命。

2. 伺服电机与伺服驱动器

伺服电机是数控机床中实现精确定位和高速运动的关键部件。它们通过伺服驱动器接收来自数控系统的控制信号，并将电能转化为机械能，驱动机床各轴按照预定轨迹运动。伺服电机具有高精度、高响应速度和高可靠性的特点，能够确保机床在加工过程中的稳定性和准确性。

伺服驱动器则负责将数控系统的控制信号转换为伺服电机可以识别的电信号，并实现对伺服电机的精确控制。现代伺服驱动器通常采用数字控制技术，具有高性能、低噪声和低能耗等优点。

3. 传感器

传感器在数控机床中扮演着重要角色，它们能够检测机床运行过程中的各种物理量（如位置、速度、加速度、温度等），并将这些信息反馈给数控系统。传感器是实现闭环控制的关键元件之一，它们能够实时监测机床的运行状态，确保机床按照预定轨迹和参数进行加工。

常见的数控机床传感器包括位置传感器（如编码器、光栅尺等）、速度传感器（如测速发电机等）和温度传感器（如热敏电阻等）。这些传感器具有高精度、高灵敏度和高可靠性的特点，能够确保机床的加工精度和稳定性。

4. 可编程逻辑控制器

在复杂的数控机床电气控制系统中，PLC 常被用作辅助控制器来处理除主要运动控制以外的其他逻辑控制任务。PLC 具有高度的灵活性和可靠性，能够适应各种复杂的控制需求。它通过编程实现各种逻辑控制功能，如机床的安全保护、刀具管理、冷却液循环等。

PLC 通常由中央处理器（CPU）、存储器、输入/输出接口等部分组成。它通过读取输入信号（如按钮、传感器等）并根据预设的程序进行逻辑处理，然后输出控制信号来驱动执行机构（如继电器、接触器等）实现控制目标。

5. 电源与电池

稳定的电源供应是数控机床电气控制系统正常运行的保障。数控机床通常采用交流电源供电，并通过变压器、整流器等设备将交流电转换为机床各部件所需的直流电或特定电压的交流电。同时，为了确保在断电情况下机床参数和重要数据的安全保存，一些数控机床还配备了备用电池。

6. 低压断路器

低压断路器是数控机床电气系统中的重要保护设备之一。它能够在电路发生过载、短路或欠压等故障时自动切断电源，以保护机床电气设备和人员安全。低压断路器具有动作迅速、可靠性高的特点，是机床电气系统中不可或缺的保护元件。

7. 接触器与继电器

接触器与继电器是数控机床电气控制系统中常用的控制元件。接触器主要用于控制大电流电路的通断，具有分断能力强、可靠性高的特点。继电器则用于实现信号的转换、放大和隔离等功能，能够根据输入信号的变化来控制输出电路的状态。在数控机床中，接触器和继电器常用于控制伺服电机的启停、冷却系统的运行等任务。

8. 指示灯与按钮

指示灯与按钮是数控机床操作界面中常见的元件之一。指示灯用于显示机床的运行状态、故障信息等，为操作人员提供直观的视觉反馈。按钮则用于接收操作人员的指令并传递给数控系统执行相应的控制任务。在数控机床中，指示灯和按钮通常与 PLC 等控制元件配合使用以实现机床的自动化控制。

9. 其他元件

除了上述主要元件外，数控机床电气控制系统中还包括许多其他元件如变压器、电容器、电阻器等。这些元件（如电压变换、滤波、限流等）在电路中起着不同的作用，以确保机床电气系统的稳定运行。

项目实施

实训工单　数控机床基础知识

一、实训目标

1. 熟悉 FANUC 数控系统的构成。
2. 熟悉 FANUC 数控系统的组成。
3. 了解 FANUC 数控系统的性能及规格。
4. 了解机床分类及特点。

二、任务实施

任务一： 根据对 FANUC 数控机床各结构组成的观察，将数控机床各结构的组成信息填入表 1.1 中。

表 1.1　　　　　　　　　　数 控 机 床 信 息

序号	数控机床组成	作　　用	特　　点
1			
2			
3			
4			
5			
6			

任务二： 观察数控机床并进行小组讨论，一起完成图 1.9 中有关机床结构的填写。

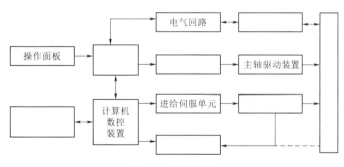

图 1.9　机床结构

任务三： 以小组形式，收集数控机床的品牌与型号信息，通过资料查阅，依据自选标准对这些数控机床进行分类，并最终整合文字说明与图片资料，制作一份完整的 PPT 展示。

根据小组讨论，在表 1.2 中填入任务计划分配。

表 1.2　　　　　　　　　　　　　小 组 任 务 计 划 表

班级：＿＿＿＿＿＿＿＿＿　　　　组别：＿＿＿＿＿＿＿＿＿　　　　日期：＿＿＿＿＿＿＿＿＿

学生姓名：＿＿＿＿＿＿＿　　　　指导教师：＿＿＿＿＿＿＿　　　成绩（完成或没完成）：＿＿＿＿＿＿＿

步骤	任 务 内 容	完 成 人 员
1		
2		
3		
4		
5		
6		

三、知识巩固

1. 系统面板上的 ALTER 键用于（　　）程序中的字。

　　A. 删除　　　　　　　　　　　　B. 替换

　　C. 插入　　　　　　　　　　　　D. 清除

2. 数控机床按伺服系统可分为（　　）。

　　A. 开环、闭环、半闭环　　　　　B. 点位、点位直线、轮廓控制

　　C. 普通数控机床、加工中心　　　D. 二轴、三轴、多轴

3. 数控机床有以下特点，其中不正确的是（　　）。

　　A. 具有充分的柔性　　　　　　　B. 能加工复杂形状的零件

　　C. 加工的零件精度高，质量稳定　D. 操作难度大

4. 数字万用表检测三极管需要表笔检测（　　）。

　　A. 正确　　　　　　　　　　　　B. 错误

5. 表笔按照被测对象严格插入指定插孔（　　）。

　　A. 正确　　　　　　　　　　　　B. 错误

6. 交流电压不能检测直流电压（　　）。

　　A. 正确　　　　　　　　　　　　B. 错误

四、评价反馈

序号	考评内容	分值	评价方式			备注
			自评	互评	师评	
1	任务一	10				
2	任务二	10				
3	任务三	40				
4	知识巩固	20				
5	书写规整	10				
6	团队合作精神	10				
	合计	100				

五、个人总结

序号	记 录 总 结	反 思 提 升
1		
2		
3		
4		
5		
6		

项目 2
FANUC 数控系统基本操作训练

项目导入

在现代制造业中，数控技术作为自动化生产的核心技术之一，其重要性不言而喻。FANUC 数控系统，作为全球领先的数控系统供应商之一，以其高可靠性、高精度和强大的功能，广泛应用于各种数控机床中。为了提高操作人员的技能水平，确保生产效率和加工质量，FANUC 数控系统基本操作训练显得尤为重要。

本项目将介绍 FANUC 数控系统的基本操作训练，包括系统面板介绍以及机床基本功能操作。旨在帮助同学们接受专业的培训、掌握正确的操作方法，能够充分发挥这些高端设备的能力。

任务目标

- **知识目标**
1. 认识系统面板按键。
2. 了解 FANUC 数控系统面板的功能。
- **能力目标**
1. 熟练掌握按键的含义。
2. 能够进行系统操作。
- **素养目标**
1. 激发学生在学习过程中自主探究精神。
2. 培养爱岗、敬业的社会主义核心价值观。

相关知识

任务 2.1 系统面板介绍

2.1.1 系统基本面板介绍

在数控车床的操作中，数控系统的基本面板是用户与机床交互的重要界面。以 FANUC Oi Mate - TD 数控系统的基本面板为例进行介绍。

1. 组成部分

FANUC Oi Mate - TD 数控系统的操作面板设计人性化，功能划分明确，便于操作者快速熟悉并有效控制机床，如图 2.1 所示。面板主要由以下几个部分组成。

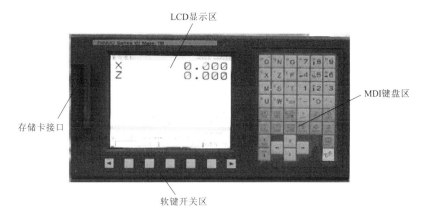

图 2.1　FANUC Oi Mate - TD 主面板

（1）LCD 显示区：这是操作面板的视觉中心，提供了机床状态、程序内容、操作菜单等信息的直观显示。

（2）MDI 键盘区：包括用于输入字符的字母数字键和执行特定功能的功能性键。操作者可以通过这些键输入程序代码或调用机床的特定功能。

（3）软键开关区：这一区域的按钮根据当前显示屏上的内容变化其功能，提供了一种灵活的操作方式，使得操作者根据当前任务快速选择相应的控制选项。

（4）存储卡接口：为了方便程序的传输和存储，面板配备了存储卡接口，允许操作者使用存储卡来读取或写入数据。

通过这些精心设计的控制区域，FANUC Oi Mate - TD 数控系统的基本面板不仅提升了操作的便捷性，也增强了机床的功能性和灵活性，确保操作者高效、准确地完成各项数控车削任务。

2．MDI 操作面板介绍

FANUC Oi Mate - TD 数控系统的 MDI 操作面板是进行手动数据输入和机床控制的关键界面，如图 2.2 所示。

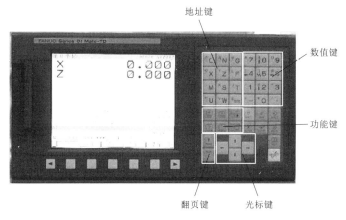

图 2.2　FANUC Oi Mate - TD 操作面板

MDI（手动数据输入）键盘区是操作面板的重要组成部分，它包括用于输入字母、数字和特殊字符的键位。这些键位使操作人员可以直接在面板上输入简短的程序段或进行机床的手动控制。以下是对 MDI 操作面板各部分的介绍。

（1）地址键：这些键用于输入数控程序中的地址，如 G 代码、M 代码、T 代码等。每个地址键都对应一个特定的编程地址，如 G00 表示快速定位。

（2）数值键：数值键用于输入地址后面的数值，如坐标值、速度值、刀具号等。它们通常包括 0～9 的数字键，以及小数点和正负号键。

（3）翻页键：翻页键允许用户在 MDI 键盘上浏览或切换不同的显示页面，特别是当显示内容较多、无法在一屏内完全展示时。

（4）光标键：光标键用于在屏幕上移动光标，以便精确定位到需要编辑或查看的程序行或参数。它们通常包括上下左右移动的功能。

（5）功能键：功能键提供对数控系统各种功能的访问，如程序编辑、程序运行、机床锁定、系统设置等。这些键可能包括但不限于 POS（位置显示）、PROG（程序显示）、OFS/SET（偏移设置）、SYSTEM（系统显示）、MESSAGE（报警信息）等。

3. MDI 功能具体说明

（1）【RESET 复位】键：超程报警解除。

（2）【HELP 帮助】键：可提供部分帮助信息。

（3）【DELETE 删除】键：用于删除程序。

（4）【INPUT 输入】键：用于机床参数的输入。

（5）【CAN 取消】键：取消输入的参数或程序的数值。

（6）【INSERT 插入】键：用于手动输入程序。

（7）【ALTER 替换】键：可直接用当前值替换光标处的数值。

（8）【SHIFT 转换】键：可用于字符切换。

（9）【PAGE 翻页】键：可直接操作翻页。

（10）光标：可进行光标移动。

（11）功能区。

1）POS：显示坐标相关画面。

2）PROG：显示编辑相关画面。

3）OFS/SET：显示偏置及设定相关画面。

4）SYSTEM：显示系统相关画面。

5）MESSAGE：显示报警信息相关画面。

6）CSTM/GR：图形显示相关画面。

2.1.2 系统操作面板介绍

数控机床操作面板各操作按钮的基本任务通过操作部分按钮（开关），可以对数控机床做直接的机械调整，以改变其工作状态。例如，在许多数控机床控制面板上有类似于手动机床上的摇手柄及选择运动轴及其方向的开关，并且可以快速移动各运动轴。另外，也可以通过按钮来启动主轴顺时针或逆时针转动和调整转速等。

任务 2.2 机床基本功能操作

2.2.1 方向选择键

(1)【EDIT】键：编辑方式键，设定程序编辑方式，其左上角带指示灯。

(2)【参考点】键：按此键切换到运行回参考点操作，其左上角指示灯点亮。

(3)【自动】键：按此键切换到自动加工方式，其左上角指示灯点亮。

(4)【手动】键：按此键切换到手动方式，其左上角指示灯点亮。

(5)【MDI】键：按此键切换到 MDI 方式运行，其左上角指示灯点亮。

(6)【DNC】键：按此键设定 DNC 运行方式，其左上角指示灯点亮。

(7)【手轮】键：在此方式下执行手轮相关动作，其左上角带有指示灯。

2.2.2 功能选择键

(1)【单步】键：该键用以检查程序，按此键后，系统一段一段执行程序，其左上角带有指示灯。

(2)【跳步】键：此键用于程序段跳过。自动操作中若按下此键，会跳过程序段开头带有"/"和用";"结束的程序段，其左上角带有指示灯。

(3)【空运行】键：自动方式下按下此键，各轴是以手动进给速度移动，此键用于无工件装夹时检查刀具的运动，其左上角带有指示灯。

(4)【选择停】键：按下此键后，在自动方式下，当程序段执行到 MO1 指令时，自动运行停止，其左上角带有指示灯。

(5)【机床锁定】键：自动方式下按下此键，X、Z 轴不移动，只在屏幕上显示坐标值的变化，其左上角带有指示灯。

(6)【超程释放】键：当 X、Z 轴达到硬限位时，按下此键释放限位。此时，限位报警无效，急停信号无效，其左上角带有指示灯。

2.2.3 点动和轴选键

(1)【+Z】点动键：在手动方式下按下此键，Z 轴向正方向点动。

(2)【−X】点动键：在手动方式下按下此键，X 轴向负方向点动。

(3)【快速叠加】键：在手动方式下，同时按此键和一个坐标轴点动键，坐标轴按快速进给倍率设定的速度点动，其左上角带有指示灯。

(4)【+X】点动键：在手动方式下按下此键，X 轴向正方向点动。

(5)【−Z】点动键：在手动方式下按下此键，Z 轴向负方向点动。

(6)【X轴选】键：在回零或手轮方式下对 X 轴操作时，需先按下此键以选择 X 轴，选中后其左上角指示灯点亮。

(7)【Z轴选】键：在回零或手轮方式下对 Z 轴操作时，需先按下此键以选择 Z 轴，选中后其左上角指示灯点亮。

2.2.4 手轮/快速倍率键

(1)【×1/FO】键：手轮方式时，进给率执行 1 倍动作；手动方式时，同时按下【快速叠加】键和点动键，进给轴按进给倍率设定的 FO 速度进给；其左上角带有指示灯。

（2）【×10/25％】键：手轮方式时，进给率执行 10 倍动作；手动方式时，同时按下
【快速叠加】键和点动键，进给轴按"手动快速运行速度"值 25％的速度进给；其左上角
带有指示灯。

（3）【×100/50％】键：手轮方式时，进给率执行 100 倍动作；手动方式时，同时按
下【快速叠加】键和点动键，进给轴按"手动快速运行速度"值 50％的速度进给；其左
上角带有指示灯。

（4）【100％】键：手动方式时，同时按下【快速叠加】键和点动键，进给轴按"手动
快速运行速度"值 100％的速度进给；其左上角带有指示灯。

2.2.5　辅助功能键

（1）【润滑】键：按下此键，润滑功能输出，其指示灯点亮。

（2）【冷却】键：按下此键，冷却功能输出，其指示灯点亮。

（3）【照明】键：按下此键，机床照明功能输出，其指示灯点亮。

（4）【刀塔旋转】键：手动方式下按动此键，执行换刀动作，每按一次刀架顺时针转
动个刀位，换刀过程中其指示灯点亮。

2.2.6　主轴键

（1）【主轴正转】键：手动方式下按此键，主轴正方向旋转，其左上角指示灯点亮。

（2）【主轴停止】键：手动方式下按此键，主轴停止转动，其左上角指示灯就亮。

（3）【主轴反转】键：手动方式下按此键，主轴反方向旋转，其左上角指示灯点亮。

2.2.7　指示灯区

（1）机床就绪：机床就绪后灯亮表示机床可以正常运行。

（2）机床故障：当机床出现故障时机床停止动作，此指示灯点亮。

（3）润滑故障：当润滑系统出现故障时，此指示灯点亮

（4）X.原点：回零过程和 X 轴回到零点后指示灯点亮。

（5）Z.原点：回零过程和 Z 轴回到零点后指示灯点亮。

2.2.8　波段旋钮和手摇脉冲发生器

（1）进给倍率（％）：当波段开关旋到相应刻度时，各进给轴将按设定值乘以刻度对
应百分数执行进给动作。

（2）主轴倍率（％）：当波段开关旋到对应刻度时，主轴将按设定值乘以刻度对应百
分数执行动作。

（3）手轮：在手轮方式下，可以对各进给轴进行手轮进给操作，其倍率可以通过
×1、×10、×100 键选择。

2.2.9　其他按钮开关

（1）循环启动按钮：按下此按钮，自动操作开始，其指示灯点亮。

（2）进给保持按钮：按下此按钮，自动运行停止，进入暂停状态，其指示灯点亮。

（3）急停按钮：按下此按钮，机床动作停止，待排除故障后，旋转此按钮，释放机床动作。

（4）程序保护开关：当把钥匙打到红色标记处，程序保护功能开启，不能更改 NC 程
序；当把钥匙打到绿色标记处，程序保护功能关闭，可以编辑 NC 程序。

（5）NC 电源开按钮：用以打开 NC 系统电源，启动数控系统的运行。

（6）NC 电源关按钮：用以关闭 NC 系统电源，停止数控系统的运行。

项目实施

实训工单 数控系统基本操作

一、实训目标

1. 认识数控车床的操作面板。

2. 了解按钮的主要用途。

二、任务实施

任务一：根据 FANUC 数控机床的观察，找出 FANUC 数控系统名称、CNC 序列号等，填写表 2.1。

表 2.1   FANUC 数控系统信息

序号	FANUC 数控系统名称	CNC 序列号	主要特点
1			
2			
3			
4			
5			
6			
7			

任务二：在图 2.3 中标出数控车床操作面板的组成部分。

图 2.3 数控车床操作面板

任务三：以小组形式，在"通电开机""手动返回参考点""JOG 进给""手轮进给"中任选一项基本操作，完成操作步骤的编写，并在老师的指导下，在车床上进行实际操作。

（1）查阅书本及网上资料，小组讨论并制订方案，在表 2.2 中填入任务计划分配。

表 2.2　　　　　　　　　　　　　　小 组 任 务 计 划 表

班级：＿＿＿＿＿＿＿　　　　组别：＿＿＿＿＿＿＿　　　　日期：＿＿＿＿＿＿＿

学生姓名：＿＿＿＿＿＿＿　　指导教师：＿＿＿＿＿＿＿　　成绩（完成或没完成）：＿＿＿＿＿＿＿

步骤	任 务 内 容	完 成 人 员
1		
2		
3		
4		
5		
6		

（2）按规范穿戴好工作服等防护用具进入车间，认真听取老师讲解并仔细观察演示动作。

（3）独立在数控车床上进行操作，并记录总结。

三、知识巩固

1. 一般数控系统由（　　）组成。

　　A. 输入装置、顺序处理装置　　　　B. 数控装置、伺服系统、反馈系统

　　C. 控制面板和显示　　　　　　　　D. 数控柜和驱动柜

2. 数控机床主要由数控装置、机床本体、伺服驱动装置和（　　）等部分组成。

　　A. 运算装置　　　　　　　　　　　B. 存储装置

　　C. 检测反馈装置　　　　　　　　　D. 伺服电动机

3. INSERT 按键的含义是（　　）。

　　A. 插入　　　　　　　　　　　　　B. 删除

　　C. 翻页　　　　　　　　　　　　　D. 上档

4. RESET 按键的含义是（　　）。

　　A. 复位　　　　　　　　　　　　　B. 数值

　　C. 帮助　　　　　　　　　　　　　D. 替换

5. 数控机床由（　　）等部分组成。

　　A. 硬件、软件、机床、程序

　　B. I/O、数控装置、伺服系统、机床主体及反馈装置

　　C. 数控装置、主轴驱动、主机及辅助设备

　　D. I/O、数控装置、控制软件、主机及辅助设备

四 、评价反馈

序号	考评内容	分值	评价方式			备注
			自评	互评	师评	
1	任务一	10				
2	任务二	10				
3	任务三	40				
4	知识巩固	20				
5	书写规整	10				
6	团队合作精神	10				
	合计	100				

五 、个人总结

序号	记 录 总 结	反 思 提 升
1		
2		
3		
4		
5		
6		

项目 3
FANUC 数控系统的备份与还原

项目导入

在现代制造业中，数控机床扮演着极其重要的角色，而 FANUC Oi Mate - TD 数控系统以其高效、精准的控制能力，成为众多机床的"大脑"。机床的操作程序、参数设置、螺距误差补偿、宏程序等关键数据，不仅是机床运行的基石，更是企业无形资产的一部分。然而，这些数据往往面临意外丢失的风险，如电源故障、硬件损坏等不可预测因素。因此，定期进行数据的备份与还原操作，对于保护这些宝贵数据、确保生产连续性具有至关重要的作用。

本项目将详细介绍 FANUC Oi Mate - TD 数控系统的备份与还原流程，使用存储卡在引导系统画面进行数据备份和恢复的方法。通过 RS - 232 口使用 PC 进行数据备份和恢复的步骤。如何在遇到数据丢失时，快速、有效地恢复机床至正常工作状态。

通过本项目的学习，操作人员将能够熟练掌握数据备份与还原的技能，提高对数控机床的维护能力，为企业的稳定生产提供强有力的技术保障。我们期望每一位操作者都能够意识到数据安全的重要性，并能够在日常的工作中主动实施这些关键的数据保护措施。

任务目标

- **知识目标**
1. 了解数控系统备份与还原所需要的技术资料与内容。
2. 了解数控系统数据备份的作用。
- **能力目标**
1. 掌握 CNC 中保存的数据类型和保存方式。
2. 掌握数控系统备份与还原的方法与步骤。
- **素养目标**
1. 培养学生自主探究的科学精神。
2. 了解岗位要求，培养正确、规范的工作习惯和严肃认真的工作态度。

相关知识

任务 3.1　数控系统数据备份的含义与作用

3.1.1　备份的含义

在 FANUC 数控系统中，数据备份和还原是一个重要的维护步骤。将系统中的关键信息，如加工程序、参数设置、螺距误差补偿、宏程序、PMC 程序以及 PMC 数据等重要资料复制一份，以防因控制单元电池失效或其他意外情况导致数据丢失。这些数据对机床的正常运行至关重要，因此定期进行备份是保障生产连续性和避免潜在损失的重要措施。

利用存储卡在引导系统屏幕画面和使用计算机及通信进行数据备份与恢复，能针对不同的数控系统通信参数的设置和操作以及计算机侧的通信电缆接口引脚，实现零件程序（PROGRAM）、机床参数（PARAMETER）、螺距误差补偿表（PITCH）、宏参数（MACRO）、刀具偏置表（OFFSET）、PMC 数据（PMC PARAMETER）的传送。机床参数、螺距误差补偿表、宏参数、工件坐标系数据传输的协议设定只需在各自的菜单下设置，PMC 数据的传送需更改两端的协议。PMC 程序的传送必须使用 FANUC 专用编程软件 LADDER-Ⅲ方可实现，数控机床与计算机之间的数控传输如图 3.1 所示。

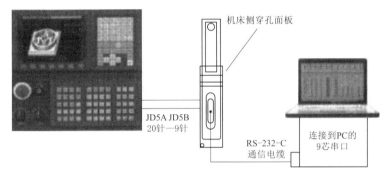

图 3.1　数控机床与计算机之间的数据传输

3.1.2　备份的作用

FANUC 数控系统的数据备份在机床运维和生产管理中具有至关重要的作用。

1. 预防数据丢失

（1）数据保护：数据备份是防止意外故障导致数据丢失或损坏的重要措施。FANUC 数控系统中存储了大量的加工程序、机床参数、螺距误差补偿表、宏参数、刀具偏置表等关键数据，这些数据对于机床的正常运行至关重要。通过定期备份，可以确保这些重要数据在面临硬件故障、电源中断、人为误操作等风险时不会丢失。

（2）安全性提升：数据备份还能提升整个生产系统的安全性。在面临恶意攻击或病毒入侵等安全风险时，备份数据可以作为恢复生产的最后一道防线。

2. 参数紊乱后的恢复

（1）快速恢复：如果数控系统的参数被意外更改或发生紊乱，机床将无法正常工作。通过数据备份，可以迅速将系统恢复到之前稳定的状态，减少因参数错误导致的停机时间和生产损失。

（2）降低风险：对于复杂或高精度的加工任务，参数的准确性直接关系到产品质量。数据备份确保了参数的可追溯性和可恢复性，降低了因参数错误带来的质量风险。

3. 批量调试与优化

（1）调试支持：在批量调试或优化加工参数时，数据备份可以作为基准数据使用。通过对比备份数据和当前数据，可以快速识别出调试过程中的变化点和潜在问题，提高调试效率。

（2）历史数据保留：备份数据还可以作为历史数据保留下来，用于后续的分析和研究。通过对历史数据的分析，可以总结出机床运行的规律和趋势，为生产优化提供有力的支持。

4. 确保生产连续性

（1）快速恢复生产：在机床发生故障或需要维护时，通过数据备份可以快速恢复生产。无须从头开始设置机床参数和程序，大大提高了生产恢复的速度和效率。

（2）降低生产成本：减少因停机时间过长而导致的生产损失和人工成本。同时，数据备份还可以降低因数据丢失而需要重新编程或调试的风险和成本。

任务 3.2　CNC 中保存的数据类型和保存方式

在 FANUC 数控系统中，CNC 中保存的数据类型及其保存方式对于系统的维护、升级以及故障恢复至关重要。

3.2.1　数据类型

FANUC 数控系统中保存的数据类型主要包括两大类：SYSTEM DATA 和 SRAM DATA。

1. SYSTEM DATA

（1）系统文件：由 FANUC 提供的系统软件，通常不需要用户备份，但也不能轻易删除，因为有些系统文件一旦删除了，即使原样恢复也会出现系统报警而导致系统停机，不能使用。

（2）MTB（machine tool builder）文件：包括机床厂开发的 PMC 梯形图、P - CODE 宏程序等，这些文件是机床特有的，需要用户进行备份。

2. SRAM DATA

（1）CNC 参数：包括机床的各种配置参数，如伺服参数、螺距误差补偿数据等。

（2）加工程序：用户编写的 NC 程序，用于指导机床进行加工操作。

（3）宏程序：用于实现特定功能的程序，如循环加工、条件判断等。

（4）刀具补偿值：用于调整刀具位置，确保加工精度的数据。

（5）PMC 参数：包括定时器、计数器、保持继电器等 PMC 控制所需的参数。

3.2.2　保存方式

FANUC 数控系统提供了多种数据保存方式，以满足不同场景下的需求。

1. 整体数据备份与恢复

（1）BOOT 画面操作：通过 CNC 的 BOOT 画面，用户可以将整体数据（包括 SYSTEM DATA 和 SRAM DATA）备份到存储卡（如 compact flash，CF 卡）中，并在需要时从存储卡中恢复数据。这种方式适用于系统维护、升级或故障恢复时，需要快速恢复整个系统状态的情况。

（2）注意事项：在 BOOT 画面下，USB（通用串行总线）接口通常无效，只能使用

PCMCIA 接口的存储卡。同时，不正确的存储卡插入可能导致接口损坏或无法读卡，因此操作时需要格外小心。

2. 个别数据备份与恢复

（1）存储卡传输：用户可以通过存储卡（或读卡器）将个别数据（如 CNC 参数、加工程序等）传输到个人计算机上，进行查看、编辑和备份。这种方式适用于需要单独修改或备份特定数据的情况。

（2）直接操作 CNC：在某些情况下，用户也可以直接在 CNC 上进行数据的备份和恢复操作，如通过 CNC 的菜单界面导出或导入数据。

3. 其他备份方式

除了采用电子数据备份手段外，传统的打印备份方式在特定场景下依然不失为一种可行的选择。尽管这种方法相对传统，但在某些特殊情境下（例如电子存储设备无法使用的情况），将核心数据打印成纸质文档不失为一种有效的备份途径。打印备份尤其适用于那些需要长期保存且变动不频繁的重要信息，如关键通知、操作手册的核心章节，以及各类法律文档等。

任务 3.3 卡进行数据备份的方法

使用存储卡（如存储卡、U 盘等）进行数据备份是 CNC 数据备份的常用方法之一。

存储卡在笔记本电脑和有些数码相机中都可使用。存储卡可以在市面上购买，一般使用 CF 卡 + PCMCIA 适配器。如果在市面上购买，就需要挑选兼容性好的卡和适配器，因为市场上有一些质量不好的存储卡在 FANUC CNC 上是不能使用的。

FANUC Oi Mate - TD 数控系统有 PCMCIA 插槽，这样就可以方便地使用存储卡传输备份数据了。对于主板和显示器一体型系统，插槽位置在显示器左侧，如图 3.2 所示。存储卡插入时，要注意方向，对于一体型系统，CF 卡商标向右，注意插入时不要用力过大，以免损坏插针。对于分体型系统，存储卡插在主板上，要到电气柜里插拔，插入时也要注意指示方向，不要插反。

图 3.2　插槽位置

3.3.1　数据输入/输出操作的方法

使用存储卡进行数据输入/输出的操作主要分为以下三种方法，每种方法都有其独特的优势和适用场景。

1. 通过 BOOT 界面备份

这种方法涉及在系统启动时进入 BOOT 界面，备份整个 SRAM 数据。备份的数据以二进制形式存在，无法在计算机上直接打开，但非常适合快速恢复或调试相同型号的机床。

操作步骤包括：在系统启动时按住指定按钮进入 BOOT 界面，选择 SRAM 数据备份选项，并将数据备份到存储卡中。

2. 通过各个操作界面分别备份 SRAM 中的各个数据

这种方法允许用户在系统的正常操作界面中备份 SRAM 的各个数据部分，如参数、程序等。输出的数据为文本格式，可以在计算机上打开，便于查看和编辑。

操作步骤包括进入编辑（EDIT）模式，选择需要备份的数据类型，执行输出操作，系统会将数据保存为固定文件名的文本文件。

3. 通过 ALL I/O 界面分别备份 SRAM 中的各个数据

这种方法使用专门的 ALL I/O 界面进行操作，只能在编辑模式下进行，不支持在急停状态下操作。它可以备份 SRAM 中的所有数据，并且输出为文本格式，可以在计算机上打开。

与第二种方法相比，这种方法允许用户自定义文件名，使一张存储卡可以备份多台系统的数据，每个备份文件都有独特的名称，便于管理和区分。

3.3.2 存储卡通过 BOOT 界面的备份操作

1. BOOT 界面

BOOT 是系统在启动时执行 CNC 软件建立的引导系统，作用是从 FROM 中调用软件到 DRAM 中。BOOT 界面的进入方法如下。

（1）插上存储卡，按住显示器下面最右边两个软键，然后系统上电。如果是触摸屏系统，用数字键对 BOOT 界面进行操作，按 MDI 键上的数字键 6 和 7，如图 3.3 所示。

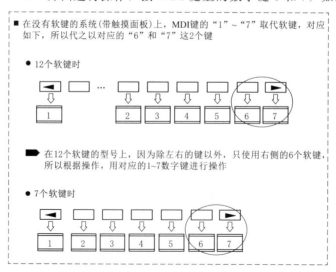

图 3.3 触摸屏启动 BOOT 按键

（2）系统进入 BOOT 界面，如图 3.4 所示。

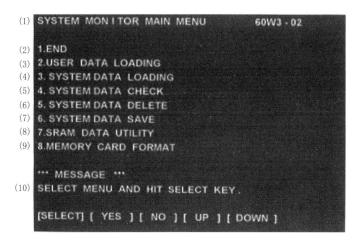

图 3.4　存储卡启动 BOOT 界面

BOOT 界面各选项的含义见表 3.1。

表 3.1 　　　　　　　　　　　　　　　　BOOT 界面各选项的含义

选项	含　义
（1）	显示标题。右端显示 BOOT SYSTEM 的版本
（2）	结束，退出 BOOT 界面。进行此操作，系统自检后进入正常界面
（3）	用户数据装载（卡→CNC 的 FROM）
（4）	系统数据载入
（5）	系统数据检查
（6）	系统数据删除。用于删除 FROM 中的软件，但是对于系统软件一般不允许删除，因此在此操作下可删除系统梯形图，所以操作时需注意
（7）	向存储卡备份数据本
（8）	备份/恢复 SRAM 区
（9）	存储卡格式化
（10）	显示简单的操作方法和错误信息

（3）根据屏幕下软键进行操作，如果使用 MDI 键盘数字键，则用数字键操作。

2. SRAM 数据的备份

在图 3.4 所示的 BOOT 界面中，第 1～6 项是针对存储卡和 FROM 的数据交换，第 7 项是保存 SRAM 中的数据，因为 SRAM 中保存的系统参数、加工程序等在系统出厂时都是没有的，所以要注意保存，做好备份。操作步骤如下。

（1）在 BOOT 界面中按软键【UP】或【DOWN】把光标移至"SRAM DATA U-TILITY"上面，进入数据备份菜单。

（2）按【SELECT】软键，显示 SRAM 数据备份界面，如图 3.5 所示。

```
SRAM DATA UTILITY
[BOARD₁ MAIN]
1.SRAM BACKUP （CNC->MEMORY CARD）
2.RESTORE SRAM （MEMORY CARD->CNC）
3.END


SRAM SIZE: 1.0MB（BASIC）




*** MESSAGE ***
SELECT MENU AND HIT SELECT KEY

(SELECT) (YES)    (NO)    (UP)   (DOMN)
```

图 3.5 SRAM 数据备份界面

注意 MESSAGE 下的信息提示，按照提示进行操作。进入 SRAM 备份界面后，可以看到有两个选项。

1）SRAM 数据备份，作用是把 SRAM 中的内容保存到存储卡中（SRAM→卡）。

2）恢复 SRAM 数据，把卡里的内容恢复到系统中（卡→SRAM）。

（3）备份 SRAM 内容时，用【UP】或【DOWN】软键将光标移至"SRAM BACK-UP"，按【SELECT】软键，系统显示图 3.6 所示的界面。

（4）进行数据保存操作时，按【YES】软键，SRAM 开始写入存储卡，显示图 3.7 所示的界面。

```
FILE NAME: SRAM1_0A.FDB      显示把SRAM数据输入
           SRAM1_0B.FDB      存储卡的文件名
     *** MESSAGE ***
     BACKUP SRAM DATA OK ? HIT YES OR NO.  ☞ 文件名请看
                                            下页。
```

```
*** MESSAGE ***
SRAM BACKUP WRITING TO MEMORY CARD
```

图 3.6 备份 SRAM 内容 　　　　图 3.7 数据保存操作

（5）写入结束后，显示图 3.8 所示的界面。

（6）保存结束后，按【SELECT】软键。

（7）把光标移动到"END"上，如图 3.9 所示，然后按【SELECT】软键，系统即退回到 BOOT 的初始界面。

```
*** MESSAGE ***
SRAM BACKUP COMPLETE. HIT SELECT KEY.
```

```
1. SRAM BACKUP (CNC -> MEMORY CARD)
2. RESTORE SRAM (MEMORY CARD -> CNC)
3. END
```

图 3.8 写入结束时显示信息 　　　　图 3.9 结束操作

注意：因为在此状态下备份的数据是机器内码打包形式，所以作为备份，可迅速恢复系统，但不能在计算机上查看详细内容。

3. 从 BOOT 界面备份梯形图

（1）完整的梯形图分为 PMC 程序和 PMC 参数两部分，其中 PMC 程序在 FROM 中，PMC 参数在 SRAM 中。在 BOOT 界面主菜单上选择"6.SYSTEM DATA SAVE"。

（2）按【SELECT】软键，按【PAGE↓】键翻页至 PMC1 上（根据 PMC 版本不同，名称有所差别）。

（3）按【SELECT】软键后，显示是否保存询问。

（4）确认后，按【YES】软键，就把梯形图文件保存到存储卡中了。要取消时，按【NO】软键。

（5）结束时，显示结束信息，确认后按【SELECT】软键。

（6）输出结束后，把光标移到"END"上，按【SELECT】软键，即退回到 BOOT 主界面。

如果菜单上没有显示"END"，请按 ，以显示下页菜单。注意：有些文件是系统软件，是受保护的，不能复制。

3.3.3 分别备份和恢复 SRAM 中的各个数据

1. 备份参数

从系统正常界面下可备份参数，但需要两个基本条件：一是系统在编辑（EDIT）方式或急停状态下；二是设定参数 20♯＝4，使用存储卡作为 I/O CHANNEL 设备。

其具体操作步骤如下。

（1）在 MDI 键盘上按 ，再按【参数】软键，显示参数界面。

（2）按下软键右侧的【OPR】或【（操作）】，对数据进行操作。

```
EDIT  ****  ***  ***        17:13:51
〔 参数 〕〔 诊断 〕〔 PMC 〕〔 系统 〕〔（操作）〕
```

（3）按下右侧的扩展键 ，按［PUNCH］软键输出。

```
EDIT  ****  ***  ***        17:22:24
〔     〕〔 READ 〕〔PUNCH〕〔      〕〔      〕
```

（4）按【NON－0】软键选择不为零的参数，如果按【ALL】软键，则选择全部参数。

```
EDIT  ****  ***  ***        17:22:39
〔     〕〔     〕〔 ALL 〕〔      〕〔 NON-0 〕
```

（5）按【EXEC】软键执行，选择输出。

```
EDIT  ****  ***  ***        17:22:53
〔     〕〔     〕〔     〕〔 CAN 〕〔 EXEC 〕
```

操作完成后，参数以默认名"CNCPARAM"保存到存储卡中。如果把 100♯3 NCR 设定为"1"，可让传出的参数紧凑排列。以此种方式备份的参数可以在计算机上用写字板或记事本直接打开，但是此种方法备份出的参数文件名不可更改。如果卡中有一套名为"CNCPARAM"的系统参数，再备份另外一台系统参数，原来的数据将会被覆盖。如果要回传参数，从步骤（3）中按【READ】软键，再选择【EXEC】软键执行，即可把备份出来的参数回传到系统中。

2. 保存 PMC 程序（梯形图）

在 MDI 键盘上按"SYSTEM（系统）"再按扩展软键，按【PMCMNT】软键，再按【I/O】软键，选择"装置＝存储卡""功能＝写""数据类型＝顺序程序""文件名＝PMC1.001"，此时显示器上的状态显示为"PMC→存储卡"，如图 3.10 所示。

按照上述每项设定，按【执行】软键，PMC 梯形图按照"PMC.001"名称保存到存储卡上。

3. 保存 PMC 参数

进入 PMC 界面以后，按【I/O】软键，与图 3.10 设定不同的地方是设定"数据类型＝参数"，其他按照图 3.10 设定每项，按［执行］软键，则 PMC 参数按照"PMC ＿ PRM.001"名称保存到存储卡上。

4. 加工程序的输入/输出

同备份参数一样，程序的输入/输出也要满足 20 号参数值为 4，并且在 EDIT（编辑）方式下进行操作。操作步骤如下。

（1）在 MDI 键盘上按"EDIT（编辑）"，再按"程式"，显示系统程序界面，如图 3.11 所示。

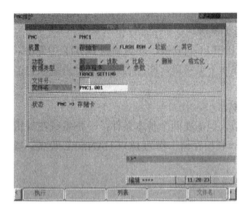
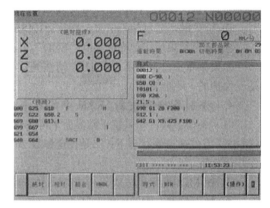

图 3.10　PMC 程序（梯形图）保存界面　　　图 3.11　系统程序界面

（2）按【（操作）】软键，如图 3.12 所示。

图 3.12　按【（操作）】软键

（3）按【＋】扩展键，如图 3.13 所示。

图 3.13　按【＋】扩展键

（4）按【PUNCH】软键输出程序，如图 3.14 所示。

图 3.14　按【PUNCH】软键

（5）按【执行】软键，如图 3.15 所示。

图 3.15　按【执行】软键

当系统内程序很多时，一次传输一个比较麻烦，费时费力。系统提供了一种方法能够一次性传输所有程序。在系统程序界面备份全部程序时，要先设定参数 3201♯6 NPE＝1，输入 0～9999，按【PUNCH】【EXEC】软键，可一次性把全部程序传入卡中，文件名默认为"PROGRAMALL"。

相反地，从卡向系统传输加工程序，在以上操作第（4）步中按【READ】软键，在图 3.16 所示的界面中输入要读入的程序号 O12，然后按【执行】软键，操作完成后，所选程序即被读入系统。

图 3.16　输入要读入的程序号 O12

5. 螺距误差补偿量的保存

（1）依次按🖥、▶扩展键，找到【PITCH】软键并按下，显示螺距误差补偿量界面。

（2）依次按【OPRT】→▶扩展键→【PITCH】→【EXEC】，输出螺距误差补偿量。

其他如用户宏程序（换刀用等）、宏变量等也需要保存，操作步骤基本和上述相同，都是在编辑方式相应的界面下，按【操作】→【输出】→【执行】即可。

项目实施

实训工单　数控系统的备份与还原

一、实训目标

1. 熟悉数控系统数据备份与恢复的含义。

2. 熟悉数控系统数据备份与恢复的用途。

3. 掌握存储卡进行数据备份与恢复的方法。

二、任务实施

任务一：对于存储于 CNC 中的数据进行保存恢复的方法，有个别数据输入输出方法和整体数据的输入输出方法。根据所学知识，将表 3.2 补充完整。

表 3.2 数据的输入输出方法

项　　目	分　别　备　份	整　体　备　份
输入输出方式		
数据类型		
操作难易		
用途		

任务二：数控车床中数据类型和保存方式多样。根据所学知识，将表 3.3 补充完整。

表 3.3 数据类型和保存方式

数据类型	保存地点	来　源	是否必须保存
CNC 参数			
PMC 参数			
梯形图程序			
螺距误差补偿			
宏程序			
宏编译程序			
C 执行程序			
系统文件			

任务三：以小组形式，任选一项系统数据进行备份与还原，完成操作步骤的编写，并在老师的指导下，在车床上进行实际操作。

（1）查阅书本及网上资料，小组讨论并制订方案，在表 3.4 中填入任务计划分配。

表 3.4 小 组 任 务 计 划 表

班级：_____　　组别：_____　　日期：_____
学生姓名：_____　　指导教师：_____　　成绩（完成或没完成）：_____

步骤	任　务　内　容	完　成　人　员
1		
2		
3		
4		
5		
6		

（2）按规范穿戴好工作服等防护用具进入车间，认真听取老师讲解并仔细观察演示动作。

（3）独立在数控车床上进行操作，并记录总结。

三、知识巩固

1. 数控装置中的电池的作用是（　　　）。

 A. 给系统的 CPU 运算提供能量

 B. 在系统断电时，用它储存的能量来保持 RAM 中的数据

 C. 为检测元件提供能量

 D. 在突然断电时，为数控机床提供能量，使机床能暂时运行几分钟，以便退出刀具

2. 数控机床由（　　）等部分组成。

 A. 硬件、软件、机床、程序

 B. I/O、数控装置、伺服系统、机床主体及反馈装置

 C. 数控装置、主轴驱动、主机及辅助设备

 D. I/O、数控装置、控制软件、主机及辅助设备

3. 断电后计算机信息依然存在的部件为（　　　）。

 A. 寄存器　　　　　　　　　　　B. RAM 存储器

 C. ROM 存储器　　　　　　　　　D. 运算器

四、评价反馈

序号	考评内容	分值	评价方式			备注
			自评	互评	师评	
1	任务一	10				
2	任务二	10				
3	任务三	40				
4	知识巩固	20				
5	书写规整	10				
6	团队合作精神	10				
	合计	100				

五、个人总结

序号	记 录 总 结	反 思 提 升
1		
2		
3		
4		
5		
6		

项目 4
FANUC 数控机床参数设定

项目导入

在现代制造业中，数控机床的精度和效率是决定生产质量的重要因素。FANUC Oi Mate－TD 数控系统作为先进的数控平台，提供了丰富的参数设定选项，允许用户根据具体的加工需求和机床特性进行细致的调整。这些参数不仅包括基本的机床设置，还涉及伺服控制、轴控制、I/O 配置等多个方面。

本项目将详细介绍 FANUC Oi Mate－TD 数控系统中的参数设定，包括伺服参数、轴控制参数、I/O 通道参数、显示和编辑参数等。我们将探讨如何通过参数设定来优化机床的性能，提高加工效率，以及如何通过参数调整来解决常见的机床问题。

参数设定的正确与否直接影响到机床的运行性能和加工质量。因此，对于操作人员和维护工程师来说，了解如何正确设置和调整这些参数至关重要。通过本项目的学习，读者将掌握 FANUC Oi Mate－TD 数控系统参数设定的基本原则和操作步骤，提高对数控机床的维护和故障排除能力。

任务目标

- **知识目标**
1. 了解与机床设定、阅读机/穿孔机接口、通道、CNC 画面显示功能相关的参数。
2. 了解相关设定的具体参数值。
- **能力目标**
1. 掌握与存储行程检测、与伺服相关的参数的设定。
2. 能够分析 CNC 自动工作时，出现参数设置引起的故障原因。
- **素养目标**
1. 培养学生严谨认真、精益求精的工匠精神。
2. 激发学生对工作的热爱和对完美的追求，树立正确的职业态度和价值观。

相关知识

任务 4.1　数控机床参数设定方法

FANUC 数控系统中保存的数据类型丰富，主要包括数控系统参数、PMC 参数、数控程序、宏程序等。

4.1.1 系统参数设置

1. 数控系统参数的重要性

数控系统参数是机床制造和使用过程中不可或缺的一部分，它们用于定制机床及其辅助设备的性能和功能。通过系统参数的设定，可以对伺服驱动系统、加工条件、机床坐标系统、操作功能和数据传输进行精细调整。

在数控系统遇到问题时，故障可能源自系统内部或外围设备，也可能是由于功能和性能的问题。对于系统故障，理解控制原理和系统提供的报警信息是关键；外围故障可能需要深入分析 PMC 程序；而功能和性能问题则可能需要通过调整参数来解决。

2. FANUC Oi Mate－TD 数控系统的参数设置

在 FANUC Oi Mate－TD 数控系统中，参数的正确设置和修改对于机床的正常运行与性能优化至关重要。合理的参数配置能够显著提升机床的工作效率、加工质量和稳定性。

参数设置通常由专业技术人员完成，他们需要根据机床的具体型号、加工需求以及用户反馈，对参数进行精确调整。这些参数包括但不限于输入输出设备配置、通信接口设置、轴控制参数、安全保护参数等。

3. 参数设置的注意事项

在更改参数之前，必须清楚地了解每个参数的意义及其对应的功能，因为错误的参数设置可能会对机床及数控系统的运行产生不良影响。因此，参数的设置和修改应谨慎进行，以确保机床的最佳性能和稳定性。

4.1.2 系统参数数据种类

FANUC 数控系统的参数按照数据的形式大致可分为位型和字型。轴型参数允许分别设定给各个控制轴。

位型参数从右向左依次为 #0～#7，该参数的 #0～#7 这 8 位单独设置 0 或 1。位型参数格式显示页面如图 4.1 所示。数据号就是常讲的参数号。

字型参数中不同数据类型的数据有效输入范围见表 4.1。

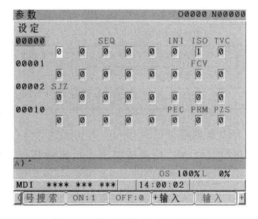

图 4.1 位型参数格式显示页面

表 4.1 字型参数中不同数据类型的数据有效输入范围

数 据 类 型	数 据 范 围	备　　注
位型	0 或 1	
位机械组型		
位路径型	0 或 1	
位轴型		
位主轴型		

续表

数 据 类 型	数 据 范 围	备　　注
字节型	−128～127 0～255	有的参数被作为不带符号的数据处理
字节机械组型		
字节路径型		
字节轴型		
字节主轴型		
字型	−32768～32767 0～65535	有的参数被作为不带符号的数据处理
字机械组型		
字路径型		
字轴型		
字主轴型		
2 字型	0～±999999999	有的参数被作为不带符号的数据处理
2 字机械组型		
2 字路径型		
2 字轴型		
2 字主轴型		
实数型	见相关标准参数设定表	
实数机械组型		
实数路径型		
实数轴型		
实数主轴型		

注意事项：

（1）位型、位机械组型、位路径型、位轴型、位主轴型参数，由 8 个具有不同含义的参数构成一个数据号。

（2）机械组型表示存在最大机械组数量的参数，可以为每个机械组设定独立的数据而在 Oi‑D/Oi Mate‑D 的情况下，最大机械组数必定为 1。

（3）路径型表示存在最大路径数的参数并可以为每一路径设定独立的数据者。

（4）轴型表示存在最大控制轴数的参数并可以为每一控制轴设定独立的数据者。

（5）主轴型表示存在最大主轴数的参数并可以为每一主轴设定独立的数据者。

（6）数据范围为一般的范围。数据范围根据参数而有所不同。

4.1.3 参数的表示方法

位型以及位（机械组/路径/轴/主轴）型参数如下。

上述位型以外的参数如下。

1023	各轴的伺服轴号
数据号	数据

在位型参数名称的表示法中，附加在各名称上的小字符"x"或者"s"表示其为下列参数。

"□□□x"：位轴型参数。

"○○○s"：位主轴型参数。

字型参数格式显示页面如图 4.2 所示。

4.1.4 参数设置的方法

1. 参数写入保护的取消

（1）选择操作模式：将 CNC 数控系统置于 MDI（手动数据输入）操作方式或使 CNC 进入急停状态，以确保在修改参数时不会对机床的运行产生干扰。

（2）访问参数设定页面：按 MDI 面板上的功能键 OFS/SET（或称为 OFFSET/SET-TING，具体视机床控制面板而定）显示 CNC 的参数设定页面。这个页面包含 CNC 系统的所有可配置参数，如图 4.3 所示。

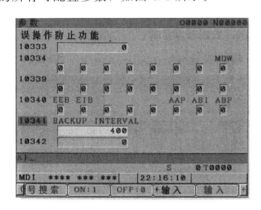

图 4.2 字型参数格式显示页面

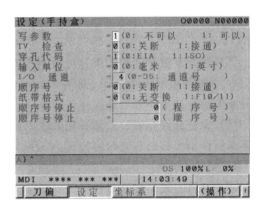

图 4.3 参数开关画面

（3）选择设定页面：在参数设定页面中，使用软功能键选择到包含"参数写入"设置的页面。这个页面通常允许用户启用或禁用参数的写入功能。

（4）调节光标并设置参数写入权限：使用方向键调节光标至"参数允许写入"位置。此位置通常显示"0"表示不允许写入，或"1"表示允许写入。按软功能键或输入数字键"1"，然后按 INPUT 健确 0 认，将"参数允许写入"设为"1"。这样，CNC 的参数写入保护就被取消了。参数画面如图 4.4 所示。

（5）确认 100 报警：在允许参数写入设为"1"后，CNC 系统可能会显示 100 报警。这个报警是系统提示参数写入功能已被激活，但它不会影响参数的输入和修改。如果需要，可以通过系统设置或操作手册中的方法消除这个报警，但通常情况下可以忽略它继续操作。

2. 参数修改

（1）进入 MDI 模式：选择操作面板上的 MDI 模式。

（2）访问系统设定页面：按 MDI 面板上的功能键 SYSTEM，进入系统设定页面。

（3）显示参数页面：在系统设定页面中，按软功能键"参数"（或称为 PARAM），显示参数页面。这个页面列出了 CNC 系统中所有可配置参数的列表。

（4）搜索指定参数：使用数字键输入参数号（如 1420），然后按软功能键来查找指定的参数，如图 4.5 所示。

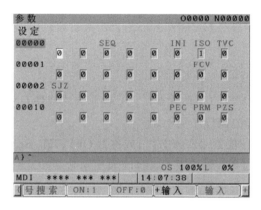

图 4.4　参数画面

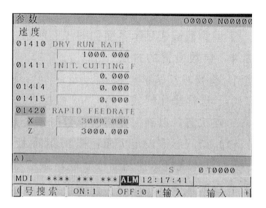

图 4.5　搜索指定参数

（5）选择参数号并输入值：使用面板的选页键和光标键选择要修改的参数号。然后，使用数字键输入新的参数值（如 100）。输入完成后，按 INPUT 键确认修改。CNC 系统会更新该参数的值，并将其保存在内存中。

（6）验证和保存修改：修改完成后，可以通过查看 CNC 系统的运行状态或执行相关的机床操作来验证参数修改的效果。

3. 注意事项

（1）重启 CNC：如果参数需要重新启动 CNC 才能生效，修改完所有参数后，一次性重启 CNC。重启过程中，CNC 可能会显示报警信息，但这些报警信息通常不会影响后续操作。

（2）恢复参数设定：修改完参数后，如果需要将参数写入权限恢复至"0"，请按 RE-SET 键或相应的软功能键来消除当前设置。

（3）安全性：在修改参数之前，请确保了解每个参数的作用，并谨慎操作。错误的参数设置可能导致 CNC 系统不稳定或无法正常工作。

（4）备份：在进行任何参数修改之前，建议备份当前的参数设置。这样，如果出现问题，可以恢复到原始设置。

任务 4.2　与数控机床设定相关的参数设定

与数控机床设定相关的参数主要包括机床坐标系、参考点、原点以及各轴的控制和设定单位等。这些参数对于确保机床的精确运行和满足加工需求至关重要。

（1）机床坐标系的设定：参数号1201～1280主要用于设定机床的坐标系，包括原点的偏移、工件坐标系的扩展等。这些设定对于确保机床在加工过程中能够按照预定的路径和位置进行移动至关重要。

（2）参考点设定：在数控机床上，参考点是一个重要的基准点，用于校准机床的位置。参数号1005、1012等涉及参考点的设定，包括无挡块参考点设定功能、参考点建立时的操作以及参考点返回时的减速挡块等。

（3）各轴的控制和设定单位：参数号1001～1023主要用于设定各轴的移动单位、控制方式、伺服轴的设定以及运动方式等。这些参数对于确保机床各轴按照预定的速度和精度进行移动至关重要。

4.2.1　与机床设定相关的参数

1. 与轴控制/设定单位相关的参数

（1）1001#0（INM）：直线轴的最小移动单位。0代表公制，1代表英制。在加工国外英制图纸零件时，应设为1。

（2）1002#0（JAX）：JOG进给、手动快速移动以及手动返回参考点的同时控制轴数。0代表1轴，1代表3轴。当需要两轴同时手动进给以提高效率时，应设为1。

（3）1005#0（ZRN）：在通电后没有执行一次参考点返回的状态下，若通过自动运行指定了伴随G28以外的移动指令，该参数将决定系统是否发出报警。0代表发出报警，1代表不发出报警并执行操作。

（4）1005#1（DLZ）：无挡块参考点设定功能。0代表使用减速挡块回参考点，1代表无挡块回参考点。在采用绝对式编码器作为检测元件时，应设为1。

（5）1006#3（DIAx）：各轴的移动指令。0代表半径指定，1代表直径指定。在车床应用时，应设为1。

（6）1006#5（ZMI）：手动参考点标志搜索方向。0代表正方向，1代表负方向。若设为1，则回参考点过程中可能会有个调头过程。

2. 与坐标系相关的参数

（1）1240：参考点在机械坐标系中的坐标值。在车床上，参考点坐标值需设置为行程最大值。

（2）1320：各轴的存储行程限位的正方向坐标值，通常设定在规定行程外0.5～1mm处。

（3）1321：各轴的存储行程限位的负方向坐标值，同样设定在规定行程外0.5～1mm处。

4.2.2　与阅读机/穿孔机接口相关的参数

在FANUC Oi Mate-TD数控系统中，与阅读机/穿孔机接口相关的参数配置是实现与外部I/O设备进行数据交换的关键。

1. 参数No.0020：I/O通道选择

No.0020用于确定数控系统（CNC）与外部输入/输出（I/O）设备之间的通信通道。这个参数允许用户指定用于数据传输的串行端口，包括RS-232-C端口、存储卡接口、数据服务器接口，以及嵌入式以太网接口。

（1）通道选择：用户可以根据实际连接的设备，在 0～9 的范围内选择一个通道号。每个通道可以配置为特定的通信设备或接口，以满足不同的数据传输需求，见表 4.2。

表 4.2　　　　　　　　　　　　设定值和 I/O 设备的对应表

设定值	内　　　容
0，1	RS－232－C 串行端口 1
2	RS－232－C 串行端口 2
4	存储卡接口
5	数据服务器接口
6	通过 F0CAS2/Ethernet 进行 DNC 运行或 M198 指令

（2）通信规格：对于每个选定的通道，必须在相应的参数中预设 I/O 设备的通信规格，如波特率、数据位、停止位和奇偶校验等。

2.参数 No.0110♯0：I/O 设备的数据输入/输出控制

I04（No.0110♯0）允许用户分别控制前台和后台的数据输入/输出操作。这一参数的设置提供了更细致的数据流管理，确保数据传输的准确性和效率。

（1）前台操作：在参数 I04 中设定后，用户可以指定特定的通道用于前台的数据输入和输出，这对于实时操作和数据交换尤为重要。

（2）后台操作：用户可以为后台数据输入和输出分配专用通道，这有助于提高数据处理的效率，尤其是在多任务环境中。

3.参数设置的最佳实践

在进行参数设置时，应遵循以下最佳实践，以确保系统的稳定性和数据的安全性。

（1）理解参数功能：在更改参数之前，应充分理解每个参数的功能和可能的影响。

（2）备份当前设置：在更改参数之前，建议备份当前的参数设置，以便在必要时可以恢复到原始状态。

（3）逐步测试：在更改参数后，应逐步测试每次更改，以验证其对系统性能的影响。

（4）记录更改：记录所有参数更改，包括更改的原因、日期和结果，以便于未来的维护和故障排除。

通过遵循这些指导原则，用户可以确保 FANUC Oi Mate－TD 数控系统与外部 I/O 设备之间的数据交换既高效又可靠，从而提高生产效率和加工质量。

4.2.3　有关通道 1（I/O CHANNEL＝0）的参数

1.波特率（I/O CHANNEL＝0）

No.0103♯1-12：此参数设定与 I/O CHANNEL＝0 对应的 I/O 设备的波特率。

设定时，请参阅表 4.3。

表 4.3　　　　　　　　　　　　　　　　波　特　率　的　设　定

设　定　值	波特率/bps	设　定　值	波特率/bps
1	50	8	1200
3	110	9	2400
4	150	10	4800
6	300	11	9600
7	600	12	19200

2．波特率（I/O CHANNEL＝1）

No.0103♯1-12：此参数设定与 I/O CHANNEL＝1 对应的 I/O 设备的波特率。

4.2.4　与 CNC 画面显示功能相关的参数

与 PMC 和 CNC 在 HSSB 侧具有存储卡接口画面显示功能相关的参数。例如，当数据服务器的功能有效时，可以通过相关的参数设定来选择数据服务器主机、设定对应软件等。

1．参数 No.0300

0300♯♯0（PCM）：CNC 画面显示功能中，NC 一侧有存储卡接口时，0 代表使用 NC 侧的存储卡接口。1 代表使用电脑侧的存储卡接口。

2．参数 No.3401

	♯7	♯6	♯5	♯4	♯3	♯2	♯1	♯0
3401	GSC	GSB	ABS	MAB				DPI
			ABS	MAB				DPI

（1）3401♯0（DPI）在可以使用小数点的地址中省略小数点时。

0：视为最小设定单位（标准型小数点输入）。

1：将其视为 mm、inch、度、sec 的单位（计算器型小数点输入）。

（2）3401♯4（MAB）在 MDI 运转中，绝对/增量指令的切换。

0：取决于 G90/G91。

1：取决于参数 ABS（No.3401♯5）。

注释：若是 T 系列的 G 代码体系 A，本参数无效。

（3）3401♯5（ABS）将 MDI 运转中的程序指令。

0：视为增量指令。

1：视为绝对指令。

注释：参数 ABS 在参数 MAB（No.3401♯4）为 1 时有效。若是 T 系列的 G 代码体系 A，本参数无效。

（4）3401♯5（GSB）设定 G 代码体系。

（5）3401♯7（GSC）。

GSC	GSB	G 代码体系
0	0	G 代码体系 A
0	1	G 代码体系 B
1	0	G 代码体系 C

任务 4.3　与存储行程检测相关的参数设定

存储行程检测是数控机床中保护机床和工件免受损坏的重要功能。与存储行程检测相关的参数设定主要包括各轴保护区域的设定。

4.3.1　存储行程检测相关参数设置

1. 进入参数设定界面

需要进入 FANUC 数控机床的参数设定界面，这通常可以通过机床的操作面板或 CNC 系统界面完成。

2. 查找存储行程检测参数

在参数设定界面中，需要查找与存储行程检测相关的参数。这些参数通常具有特定的参数号，如 1320（存储行程限位正极限）和 1321（存储行程限位负极限）等。

3. 设定正极限和负极限

根据机床的实际行程范围和加工需求，设定各轴的正极限和负极限参数。这些参数的值应该根据机床的机械设计、工件尺寸以及加工路径等因素进行综合考虑。

4. 保存参数设定

完成参数设定后，需要保存这些设定值。这通常可以通过单击保存按钮或输入特定的保存命令来完成。

5. 验证参数设定

为了验证参数设定的正确性，可以在机床上进行实际的加工测试。在测试过程中，观察机床是否能够在设定的行程范围内稳定地运行，并检查是否有异常或报警信息。

4.3.2　具体参数

这些参数用于设定各轴的保护区域，以防止机床在加工过程中超出预定的范围，从而避免机床和工件的损坏。

1. 参数 No. 1300

1300	#7	#6	#5	#4	#3	#2	#1	#0
	BFA	LZR	RL3			LMS	NAL	OUT

（1）1300♯0（OUT）：在存储行程检测 2 中。

0：将内侧设定为禁止区。

1：将外侧设定为禁止区。

（2）1300♯1（NAL）：手动运行中，刀具进入存储行程限位 1 的禁止区域时。

0：发出报警，使刀具减速后停止。

1：不发出报警，相对 PMC 输出行程限位到达信号，使刀具减速后停止。

注释：刀具通过自动运行中的移动指令进入存储行程限位 1 的禁止区域时，即使在将本参数设定为"1"的情况下，也会发出报警，并使刀具减速后停止。但是，即使在这种情况下，也会相对 PMC 输出行程限位到达信号。

（3）1300♯2（LMS）：将存储行程检测 1 切换信号 EXLM 设定为：

0：无效。

1：有效。

（4）1300♯5（RL3）：将存储行程检测 3 释放信号 RLSOT3 设定为：

0：无效。

1：有效。

（5）1300♯6（LZR）："刚刚通电后的存储行程限位检测"有效（参数 DOT（No. 1311♯0）＝"1"）时，在执行手动参考点返回操作之前，是否进行存储行程检测。

0：予以进行。

1：不予进行。

（6）1300♯7（BFA）：发生存储行程检测 1、2、3 的报警时，在路径间干涉检测功能（T 系列）中发生干涉报警时，以及在卡盘尾架限位（T 系列）中发生报警时。

0：刀具在进入禁止区后停止。

1：刀具停在禁止区前。

2. 参数 No. 1301

1301	♯7	♯6	♯5	♯4	♯3	♯2	♯1	♯0
	PLC	OTS		OF1		NPC		DLM

（1）1301♯0（DLM）：将不同轴向存储行程检测切换信号＋EXLx 和－EXLx 设定为：

0：无效。

1：有效。

本参数被设定为"1"时，存储行程检测 1 切换信号 EXLM＜G007♯6＞将无效。

（2）1301♯2（NPC）：在移动前行程限位检测中，是否检查 G31（跳过）、G37（刀具长度自动测量（M 系列）/自动刀具补偿（T 系列））的程序段的移动。

0：进行检查。

1：不进行检查。

（3）1301♯4（OF1）：在存储行程检测 1 中，发生报警后轴移动到可移动范围时。

0：在进行复位之前，不解除报警。

1：立即解除 OT 报警。

注释：在下列情况下，自动解除功能无效。要解除报警，需要执行复位操作。

①在超过存储行程限位前发生报警的设定（参数 BFA（NO. 1300♯7）＝"1"）时。

②发生其他的超程报警（存储行程检测 2/3、干涉检测等）时。

（4）1301♯6（OTS）：发生超程报警时。

49

0：不向 PMC 输出信号。

1：向 PMC 输出超程报警中信号。

（5）1301♯7（PLC）：是否进行移动前行程检测。

0：不进行。

1：进行。

3．参数 No. 1320

此参数为每个轴设定在存储行程检测 1 的正方向的机械坐标系中的坐标值。

（1）数据单位：mm、inch、度（机械单位）。

（2）数据最小单位：取决于该轴的设定单位。

（3）数据范围：最小设定单位的 9 位数。

4．参数 No. 1321

此参数为每个轴设定在存储行程检测 1 的负方向的机械坐标系中的坐标值。

（1）数据单位：mm、inch、度（机械单位）。

（2）数据最小单位：取决于该轴的设定单位。

（3）数据范围：最小设定单位的 9 位数。

任务 4.4　与进给速度相关的参数设定

数控机床运行中，因执行的指令、加工不同的曲面等，需要采用不同的进给速度。

进给速度是数控机床加工过程中的一个重要参数，它决定了机床各轴在加工时的移动速度。与进给速度相关的参数设定主要包括各轴在各种移动方式、模式下的移动速度的设定。

4.4.1　进给速度相关参数设定

1．快速定位进给速度参数设定

快速定位进给速度是指机床在快速移动或定位时的速度，以下是与快速定位进给速度相关的参数设定。

（1）快速倍率开关：快速倍率开关用于控制快速定位进给速度的快慢。通常，快速倍率开关有多个挡位，如 100％、50％、25％及 F0 等。通过选择不同的挡位，可以调整 X、Y、Z 三轴在快速定位时的速度。

（2）机床参数设定：快速定位进给速度的具体数值通常由机床参数给定。这些参数可以在机床的维修手册或相关技术资料中找到。通过修改这些参数，可以调整快速定位进给速度的大小。

（3）运动控制：在快速定位进给过程中，各轴之间的运动是互不相关的，分别以自己给定的速度运动。因此，在设定快速定位进给速度时，需要考虑各轴之间的协调性和同步性。

2．切削进给速度参数设定

切削进给速度是指机床在切削加工时的速度，以下是与切削进给速度相关的参数设定。

（1）地址 F 给定：切削进给速度通常由地址 F 给定。在加工程序中，F 是一个模态的值，即在给定一个新的 F 值之前，原来编程的 F 值一直有效。

（2）CNC 系统参数设定：CNC 系统刚刚通电时，F 的值由特定参数（如 549 号参数）给定。该参数在机床出厂时被设为某个默认值（如 100mm/min）。通过修改这个参数，可以调整切削进给速度的初始值。

（3）进给倍率开关：切削进给速度还可以由操作面板上的进给倍率开关来控制。实际的切削进给速度应该为 F 的给定值与倍率开关给定倍率的乘积。通过调整进给倍率开关的挡位，可以实时调整切削进给速度的大小。

（4）最大切削进给速度限制：为了保护机床和刀具，通常会设定一个最大切削进给速度限制。这个限制由特定参数（如 527 号参数）控制。如果编程的 F 值大于此限制值，实际的进给切削速度也将保持为该限制值。

3. 其他相关参数设定

除了上述直接影响进给速度的参数外，还有一些其他参数也对进给速度产生重要影响，具体如下。

（1）插补参数：在切削进给过程中，各轴之间是插补的关系。插补参数的设定将影响切削进给运动的合成效果和精度。

（2）加速度参数：加速度参数的设定将影响机床在启动和停止时的加速度大小，从而影响进给速度的变化率和稳定性。

（3）减速参数：减速参数的设定将影响机床在到达目标位置前的减速过程，从而确保机床平稳地停止在目标位置上。

4.4.2　具体参数

1. 参数 No.1401

1401	#7	#6	#5	#4	#3	#2	#1	#0
		RDR	TDR	RFO		JZR	LRP	RPD

（1）1401#0（RPD）：通电后参考点返回完成之前，将手动快速移动设定为：

0：无效。（成为 JOG 进给）

1：有效。

（2）1401#1（LRP）：定位（G00）为：

0：非直线插补型定位。（刀具在快速移动下沿各轴独立地移动）

1：直线插补型定位。（刀具沿着直线移动）

（3）1401#2（JZR）：是否通过 JOG 进给速度进行手动返回参考点操作。

0：不进行。

1：进行。

（4）1401#4（RFO）：快速移动时，切削进给速度倍率为 0% 的情况下：

0：刀具不停止移动。

1：刀具停止移动。

（5）1401#5（TDR）：在螺纹切削以及攻丝操作中（攻丝循环 G74、G84、刚性攻丝）将空运行设定为：

0：有效。

1：无效。

（6）1401#6（RDR）：在快速移动指令中空运行。

0：无效。

1：有效。

2. 参数 No. 1402

1402	#7	#6	#5	#4	#3	#2	#1	#0
				JRV			JOV	NPC

（1）1402#0（NPC）是否使用不带位置编码器的每转进给〔每转进给方式（G95）时，将每转进给 F 变换为每分钟进给 F 的功能〕。

0：不使用。

1：使用。

注释：在使用位置编码器时，将本参数设定为"0"。

（2）1402#1（JOV）将 JOG 倍率设定为：

0：有效。

1：无效。（被固定在 100％上）

（3）1402#4（JRV）进给和增量进给。

0：选择每分钟进给。

1：选择每转进给。

注释：请在参数（No. 1423）中设定进给速度。

3. 参数 No. 1403

1403	#7	#6	#5	#4	#3	#2	#1	#0
	RTV		HTG	ROC				
			HTG					

（1）1403#4（ROC）：在螺纹切削循环 G92、G76 中，在螺纹切削完成后的回退动作中快速移动倍率。

0：有效。

1：无效（倍率 100％）。

（2）1403#5（HTG）：螺旋插补的速度指令。

0：用圆弧的切线速度来指定。

1：用包含直线轴的切线速度来指定。

（3）1403#7（RTV）：螺纹切削循环回退操作中快速移动倍率。

0：有效。

1：无效。

4. 参数 No.1404

1404	♯7	♯6	♯5	♯4	♯3	♯2	♯1	♯0
	FCO					FM3	DLF	
	FCO						DLF	

（1）1404♯1（DLF）：参考点建立后的手动返回参考点操作。

0：在快速移动速度［参数（No.1420）］下定位到参考点。

1：在手动快速移动速度［参数（No.1424）］下定位到参考点。

注释：此参数用来选择使用无挡块参考点设定功能时的速度，同时还用来选择通过参数 SJZ（No.0002♯7）在参考点建立后的手动返回参考点操作中，不用减速挡块而以快速移动方式定位到参考点时的速度。

（2）1404♯2（FM3）：每分钟进给时的不带小数点的 F 指令的设定单位为：

0：1mm/min（英制输入时为 0.01inch/min）。

1：0.001mm/min（英制输入时为 0.00001inch/min）。

（3）1404♯7（FCO）：自动运行中，进给速度的指令（F 指令）为 0 的切削进给的程序段（G01，G2，G3 等）被指令时：

0：发生报警（PS0011）。

1：不发生报警（PSO011）而在进给速度 0 下执行该程序段。

注释：本参数在反比时间进给（G93）方式中无效。将本参数 FCO 由"1"改设为"0"时，在参数 CLR（No.3402♯6）为"1"时，请进行复位。CLR 为"0"时，请重新通电。

5. 参数 No.1405

1405	♯7	♯6	♯5	♯4	♯3	♯2	♯1	♯0
			EDR			PCL		
			EDR			PCL	FR3	

（1）1405♯1（FR3）：每转进给时的不带小数点的 F 指令的设定单位为：

0：0.01mm/rev（英制输入时为 0.0001inch/rev）。

1：0.001mm/rev（英制输入时为 0.00001inch/rev）。

（2）1405♯2（PCL）：是否使用不带位置编码器的周速恒定控制功能。

0：不使用。

1：使用。

注释：①请将周速恒定控制置于有效［参数 SSC（No.8133♯0）＝"1"］。②将本参数设定为"1"时，请将参数 NPC（No.1402♯0）设定为"0"。

（3）1405♯5（EDR）：直线插补型定位时的外部减速速度。

0：使用切削进给时的外部减速速度。

1：使用快速移动时的外部减速速度的第 1 轴。

注释：就拿外部减速 1 来说，①本参数位为"0"时，参数（No.1426）成为外部减速 1 的外部减速速度；②本参数位为"1"时，参数（No.1427）的第 1 轴成为外部减速 1 的外部减速速度。

6. 参数 No.1406

	#7	#6	#5	#4	#3	#2	#1	#0
1406							EX3	EX2
	F10						EX3	EX2

（1）1406#0（EX2）：外部减速功能设定 2。

0：无效。

1：有效。

（2）1406#1（EX3）：外部减速功能设定 3。

0：无效。

1：有效。

（3）1406#7（F10）：相对于 F1 位进给（F1～F9）的切削进给速度，进给速度倍率、倍率取消。

0：无效。

1：有效。

注释：相对于 F0 的进给速度，快速移动倍率有效而与本参数的设定无关。

7. 参数 No.1410

此参数设定 JOG 进给速度指定度盘的 100% 的位置的空运行速度。数据单位取决于参考轴的设定单位。

（1）数据单位：mm/min、inch/min、度/min（机械单位）。

（2）数据最小单位：取决于参考轴的设定单位。

（3）数据范围：见相关标准参数设定表（C）。若是 IS-B，其范围为 0.0～+999000.0。

8. 参数 No.1411

此参数设定切削进给速度，这是一个关键的参数，它决定了机床在切削过程中的移动速度。

由于是不怎么需要在加工中改变切削进给速度的机械，可通过参数来指定切削进给速度。因此，就不需要在 NC 指令数据中指定切削进给速度（F 代码）。

在接通电源或者通过复位等 CNC 处在清除状态［参数 CLR（No.3402#6）＝"1"］后，通过程序指令（指令）指令进给速度之前的期间，本参数中设定的进给速度有效。通过 F 指令指令了进给速度的情况下，该进给速度有效。

（1）数据单位：mm/min、inch/min、度/min（输入单位）。

（2）数据最小单位：取决于参考轴的设定单位。

（3）数据范围：见标准参数设定表（C）。若是 IS-B，其范围为 0.0～+999000.0。

9. 参数 No.1420

此参数为每个轴设定快速移动倍率为 100% 时的快速移动速度。

（1）数据单位：mm/min、inch/min、度/min（输入单位）。

（2）数据最小单位：取决于该轴的设定单位。

（3）数据范围：见标准参数设定表（C）。若是 IS－B，其范围为 0.0～＋999000.0。

10．参数 No.1421

此参数为每个轴设定快速移动倍率的 FO 速度。

（1）数据单位：mm/min、inch/min、度/min（机械单位）。

（2）数据最小单位：取决于该轴的设定单位。

（3）数据范围：见标准参数设定表（C）。若是 IS－B，其范围为 0.0～＋999000.0。

11．参数 No.1423

此参数为每个轴的 JOG 进给速度。

参数 JRV（No.1402♯4）＝"0"时，为每个轴设定手动进给速度倍率为 100％时的 JOG 进给速度（每分钟的进给量）。

设定参数 JRV（No.1402♯4）＝"1"（每转进给）时，为每个轴设定手动进给速度倍率为 100％时的 JOG 进给速度（主轴转动一周的进给量）。

（1）数据单位：mm/min、inch/min、度/min（机械单位）。

（2）数据最小单位：取决于该轴的设定单位。

（3）数据范围：见标准参数设定表（C）。若是 IS－B，其范围为 0.0～＋999000.0。

注释：本参数分别被每个轴的手动快速移动速度［参数（No.1424）］钳制起来。

12．参数 No.1424

此参数为每个轴设定快速移动倍率为 100％时的手动快速移动速度。

（1）数据单位：mm/min、inch/min、度/min（机械单位）。

（2）数据最小单位：取决于该轴的设定单位。

（3）数据范围：见标准参数设定表（C）。若是 IS－B，其范围为 0.0～＋999000.0。

注释：①设定值为"0"时，视为与参数（No.1420）（各轴的快速移动速度）相同。②选择了手动快速移动时［参数 RPD（No.1401♯0＝"1"）］，不管参数 JRV（No.1402♯4）的设定如何，都会按照本参数中所设定的速度执行手动进给。

13．参数 No.1425

此参数为每个轴设定参考点返回时的减速后的进给速度（FL 速度）。

（1）数据单位：mm/min、inch/min、度/min（机械单位）。

（2）数据最小单位：取决于该轴的设定单位。

（3）数据范围：见标准参数设定表（C）。若是 IS－B，其范围为 0.0～＋999000.0。

14．参数 No.1426

此参数设定切削进给或者直线插补型定位（G00）时的外部减速速度。

（1）数据单位：mm/min、inch/min、度/min（机械单位）。

（2）数据最小单位：取决于该轴的设定单位。

（3）数据范围：见标准参数设定表（C）。若是 IS－B，其范围为 0.0～＋999000.0。

15．参数 No.1427

此参数为每个轴设定快速移动时的外部减速速度。

（1）数据单位：mm/min、inch/min、度/min（机械单位）。

（2）数据最小单位：取决于该轴的设定单位。

（3）数据范围：见标准参数设定表（C）。若是 IS-B，其范围为 0.0～+999000.0。

16. 参数 No.1428

此参数设定采用减速挡块的参考点返回的情形或在尚未建立参考点的状态下的参考点返回情形下的快速移动速度。该参数被作为参考点建立前的自动运行的快速移动指令（G00）时的进给速度使用。

（1）数据单位：mm/min、inch/min、度/min（机械单位）。

（2）数据最小单位：取决于该轴的设定单位。

（3）数据范围：见标准参数设定表（C）。若是 IS-B，其范围为 0.0～+999000.0。

注释：①针对此速度，应用快速移动倍率（F0、25、50、100%），其设定值为 100%。②参考点返回完成、机械坐标系建立之后的自动返回速度，随通常的快速移动速度而定。③参考点返回后建立机械坐标系之前的手动快速移动速度，可以根据参数 RPD-No.1401♯0 选择 JOG 进给速度或者手动快速移动速度，见表 4.4。④数（No.1428）的设定值为 "0" 时，各自的速度成为如表 4.5 所示的参数设定值。

表 4.4　　　　　参 数 设 定 值

指　　令	坐标系建立前	坐标系建立后
自动返回参考点（G28）	No.1428	No.1420
自动快速移动（G00）	No.1428	No.1420
手动返回参考点 * 1	No.1428	No.1428 * 3
手动快速移动	No.1423 * 2	No.1424

表 4.5　　　　　参 数 设 定 值

指　　令	坐标系建立前	坐标系建立后
自动返回参考点（G28）	No.1420	No.1420
自动快速移动（G00）	No.1420	No.1420
手动返回参考点 * 1	No.1424	No.1424 * 3
手动快速移动	No.1423 * 2	No.1424

1420：快速移动速度。

1423：JOG 进给速度（JOG 进给速度）。

1424：手动快速移动速度。

＊1：可以通过参数 JZR（No.1401♯2），始终将手动返回参考点时的速设定为 JOG 进给速度。

＊2：当参数 RPD（No.1401♯0）为 "1" 时，成为参数（No.1424）的设定值。

＊3：在以快速移动方式与减速挡块无关地进行无挡块参考点返回操作、或建立参考点后的手动返回参考点操作时，将被设定为基于这些功能的手动返回参考点速度［随参 LF（No.1404♯1）而定］。

17. 参数 No.1430

此参数为每个轴的最大切削进给速度。

（1）数据单位：mm/min、inch/min、度/min（机械单位）。

（2）数据最小单位：取决于该轴的设定单位。

（3）数据范围：见标准参数设定表（C）。若是 IS-B，其范围为 0.0～+999000.0。

18. 参数 No.1432

此参数为每个轴设定先行控制/AI 先行控制/AI 轮廓控制等插补前加/减速方式中的最大切削进给速度。在非插补前加/减速方式中的情形下，参数（No.1430）中所设定的钳制有效。

（1）数据单位：mm/min、inch/min、度/min（机械单位）。

（2）数据最小单位：取决于该轴的设定单位。

（3）数据范围：见标准参数设定表（C）。若是 IS-B，其范围为 0.0～+999000.0。

19. 参数 No.1434

此参数为每个轴的手动手轮进给的最大进给速度。手动手轮进给速度切换信号 HNDLF＜Gn023.3＞＝"1"时，对每个轴设定手动手轮进给的最大进给速度。

（1）数据单位：mm/min、inch/min、度/min（机械单位）。

（2）数据最小单位：取决于该轴的设定单位。

（3）数据范围：见标准参数设定表（C）。若是 IS-B，其范围为 0.0～+999000.0。

20. 参数 No.1450

此参数设定 F1 位进给的手摇脉冲发生器每一刻度的进给速度的变化量。

F1 位进给时，设定用来确定手摇脉冲发生器旋转每一刻度时的进给速度的变化量的常数。

$$\Delta F = \frac{F_{\max i} - F_{\min}}{n}$$

式中　ΔF——手摇脉冲发生器旋转每一刻度时的进给速度的变化量；

$F_{\max i}$——F1 位指令的进给速度上限值（参数 No.1460 或 No.1461）；

$F_{\min}$——手摇脉冲发生器的最小进给速度；

n——手摇脉冲发生器旋转的周数。

数据范围：1～127。

21. 参数 No.1466

此参数为执行螺纹切削循环 G92、G97 的回退动作时的进给速度。

（1）数据单位：mm/min、inch/min、度/min（机械单位）。

（2）数据最小单位：取决于该轴的设定单位。

（3）数据范围：见标准参数设定表（C）。若是 IS-B，其范围为 0.0～+999000.0。

注释：参数 CFR（No.1611≠0）被设定为"1"的情况下，或者本参数的设定值为"0"时，使用参数（No.1420）的进给速度。

任务4.5　与伺服相关参数设置设定

伺服系统是数控机床的重要组成部分，它负责控制机床各轴的移动。与伺服相关的参数设定主要包括伺服电机的类型、规格、脉冲编码器类型以及加减速控制等。

4.5.1　伺服相关参数设置

伺服系统作为数控机床的核心部分，其参数设置直接影响到机床的精度、稳定性和加工效率。

1. 伺服初始化

在伺服系统更换、电池更换或参数出现错误时，需要对伺服系统进行初始化处理。初始化步骤通常如下。

（1）确认基本数据：在初始化前，需要确认电动机内装的脉冲编码器的型号、规格，以及伺服系统是否使用外部位置检测器件等。

（2）操作系统显示伺服参数画面：根据系统的不同，操作方法有所区别。例如，在 FANUC i 系列系统中，可以通过按"SERVICE"键数次，直到出现伺服参数页面。

（3）设定初始化参数：包括设定初始化参数（INITIAL SET BITS 的 bit0），根据所使用的电动机输入电动机代码参数（Motor ID No），根据电动机的编码器输出脉冲数设定编码器参数 AMR 等。

（4）设定指令脉冲倍乘比 CMR：根据机床的机械传动系统设计，设定指令脉冲倍乘比 CMR。

（5）设定电动机转向参数：正转时为 111，反转时为－111。

（6）关机再开机：完成上述设定后，关机并再次开机，以完成初始化过程。

2. 伺服参数调整与优化

当伺服参数设定不当时，将发生伺服报警，此时必须调整参数。伺服参数的调整与优化通常包括以下几个方面。

（1）运行速度：设定机床的运行速度，以确保加工效率和精度。

（2）到位宽度：设定到位宽度，以控制机床在定位时的精度。

（3）加减速时间常数：根据机床的刚性和加工需求，设定合适的加减速时间常数，以避免机床在启动和停止时产生过大的冲击。

（4）软限位：设定软限位，以保护机床在加工过程中不超出设定的范围。

（5）运行/停止时的位置偏差：设定运行和停止时的位置偏差，以确保机床在加工过程中的稳定性。

（6）其他相关参数：如显示参数、存储行程限位等，也需要根据实际需求进行设定。

（7）在具体调整过程中，可以参照机床的伺服参数调整一览表，根据报警内容和原因，找到应调整的参数，并进行相应的调整。

3. 伺服系统动态性能调整

伺服系统的动态性能直接影响到机床的加工精度和稳定性。因此，需要对伺服系统的动态性能进行调整与优化。调整与优化通常包括以下几个方面。

（1）停止时的振荡抑制：当伺服系统停止时，可能会出现高频振荡或低频振荡。此时，可以通过调整速度环比例增益（PK2V）、负载惯量比等参数来抑制振荡。

（2）移动时的振荡抑制：伺服系统移动时也可能出现高频振荡或低频振荡。同样地，可以通过调整速度环比例增益、负载惯量比等参数来抑制振荡。

（3）超调抑制：当伺服系统移动时出现超调时，可以通过使 PI 控制生效、提高负载惯量比、使用超调抑制功能等方法来抑制超调。

（4）圆弧插补象限过渡过冲抑制：对于伺服系统圆弧插补象限过渡过冲现象，可以通过调整反向间隙值、使用反向间隙加速功能等方法来抑制过冲。

4. FSSB 设定

FSSB（fanuc serial servo bus，发那科串行伺服总线）是 FANUC 数控机床中用于连接伺服放大器和主轴放大器的重要总线。FSSB 的设定包括自动设定和手动设定两种方式。

（1）自动设定：在自动设定方式下，需要设定参数 1902♯0＝0、♯1＝0，然后按伺服电机连接顺序设定参数 1023 的值，再按主轴电机连接顺序设定参数 3716♯0 和参数 3717。完成设定后，关机再重启，FSSB 设定即可完成。

（2）手动设定：在手动设定方式下，需要根据硬件连接情况，手动设定 FSSB 的相关参数。具体设定方法可参照机床的维修手册或相关技术资料。

4.5.2 具体参数

1. 参数 No.1815

1815	♯7	♯6	♯5	♯4	♯3	♯2	♯1	♯0
		RONx	APCx	APZx	DCRx	DCLx	OPTx	RVSx

注释：在设定完此参数后，需要暂时切断电源。

（1）1815♯0（RVSx）：使用没有转速数据的直线尺的旋转轴 B 类型，可动范围在一转以上的情况下，是否通过 CNC 来保存转速数据。

0：不予保存。

1：予以保存。

（2）1815♯1（OPTx）：作为位置检测器。

0：不使用分离式脉冲编码器。

1：使用分离式脉冲编码器。

注释：使用带有参考标记的直线尺或者带有绝对地址原点的直线尺（全闭环系统）时，将参数值设定为"1"。

（3）1815♯2（DCLx）：作为分离式位置检测器，是否使用带有参考标记的直线尺或者带有绝对地址原点的直线尺。

0：不使用。

1：使用。

（4）1815♯3（DCRx）：作为带有绝对地址参考标记的直线尺。

0：不使用带有绝对地址参考标记的旋转式编码器。

1：使用带有绝对地址参考标记的旋转式编码器。

注释：在使用带有绝对地址参考标记的旋转式编码器时，请将参数 DCLx（No.1815♯2）也设定为"1"。

（5）1815♯4（APZx）：作为位置检测器使用绝对位置检测器时，机械位置与绝对位置检测器之间的位置对应关系。

0：尚未建立。

1：已经建立。

使用绝对位置检测器时，在进行第 1 次调节时或更换绝对位置检测器时，务须将其设定为 "0"，再次通电后，通过执行手动返回参考点等操作进行绝对位置检测器的原点设定。由此，完成机械位置与绝对位置检测器之间的位置对应，此参数即被自动设定为 "1"。

（6）1815♯5（APCx）：位置检测器为：

0：绝对位置检测器以外的检测器。

1：绝对位置检测器（绝对脉冲编码器）。

（7）1815♯6（RONx）：在旋转轴 A 类型中，是否使用没有转速数据的直线尺绝对位置检测。

0：不使用。

1：使用。

2. 参数 No.1821

此参数设定参考计数器的容量。参考计数器的容量，指定为执行栅格方式的参考点返回的栅格间隔。设定值小于 0 时，将其视为 10000。在使用附有绝对地址参考标记的直线尺时，设定标记 1 的间隔。

（1）数据范围：0～999999999。

（2）注释：在设定完此参数后，需要暂时切断电源。

3. 参数 No.1825

此参数为每个轴设定位置控制的环路增益。

若是进行直线和圆弧等插补（切削加工）的机械，请为所有轴设定相同的值。若是只要通过定位即可的机械，也可以为每个轴设定不同的值。越是为环路增益设定较大的值，其位置控制的响应就越快，而设定值过大，将会影响伺服系统的稳定。

（1）数据单位：0.01/sec。

（2）数据范围：1～9999。

4. 参数 No.1826

此参数为每个轴设定到位宽度。

机械位置和指令位置的偏离（位置偏差量的绝对值）比到位宽度还要小时，假定机械已经达到指令位置，即视其已经到位。

数据范围：0～999999999。

5. 参数 No.1827

此参数为每个轴设定切削进给时的到位宽度。

本参数使用于参数 CCI（No.1801 ♯4）= "1" 的情形。

数据范围：0～999999999。

6. 参数 No.1828

此参数为每个轴设定移动中的位置偏差极限值。

移动中位置偏差量超过移动中的位置偏差量极限值时，发出伺服报警（SVO411），操作瞬时停止（与紧急停止时相同）。

通常情况下为快速移动时的位置偏差量设定一个具有余量的值。

数据范围：0～999999999。

7. 参数 No.1829

此参数为每个轴设定停止时的位置偏差极限值。

停止中位置偏差量超过停止时的位置偏差量极限值时，发出伺服报警（SV0410），操作瞬时停止（与紧急停止时相同）。

数据范围：0～999999999。

8. 参数 No.1851

此参数为每个轴设定反向间隙补偿量。

通电后，当刀具沿着与参考点返回方向相反的方向移动时，执行最初的反向间隙补偿。

数据范围：−9999～9999。

9. 参数 No.2021

此参数为负载惯量比。

(1) 数据范围：0～32767。

(2) 非串联控制：负载惯量比＝（负载惯量/电机惯性）×256。

(3) 串联控制：负载惯量比＝（负载惯量/电机惯性）×256/2。

10. 参数 No.2022

此参数设定电机的旋转方向。

(1) 数据范围：−111、111。从脉冲电机侧看，沿顺时针方向旋转时设定111。此外，从脉冲电机侧看，沿逆时针方向旋转时设定−111。

(2) 注释：在设定完此参数后，需要暂时切断电源。

任务4.6　与显示和编辑相关的参数

与显示和编辑相关的参数设定主要涉及数控机床的操作界面和编程环境。这些参数对于确保机床操作员方便地查看机床状态和编辑加工程序至关重要。

4.6.1　轴控制/设定单位相关参数

(1) 1001♯0（INM）：直线轴的最小移动单位。设为0表示公制，设为1表示英制。在加工英制图纸零件时，应设为1。

(2) 1002♯0（JAX）：JOG进给、手动快速移动以及手动返回参考点的同时控制轴数。设为0表示1轴，设为1表示3轴。在需要两轴同时手动进给时，应设为1。

(3) 1005♯0（ZRN）：在通电后没有执行一次参考点返回的状态下，通过自动运行指定了伴随G28以外的移动指令时，是否发出报警。设为0表示发出报警，设为1表示不发出报警就执行操作。

(4) 1006♯3（DIAx）：各轴的移动指令为半径指定或直径指定。车床应用时，应设为直径指定（1）。

(5) 1006♯5（ZMI）：手动参考点标示搜索方向。设为0表示正方向，设为1表示负方向。若设为1，则回参考点过程可能会有个掉头过程。

61

4.6.2　坐标系参数

（1）1201#0（ZPR）：手动回零点后是否自动设定工件坐标系。0 表示不进行，1 表示进行。

（2）1201#2（ZCL）：手动回零点后是否取消局部坐标系。0 表示不取消，1 表示取消。

（3）1201#3（FPC）：在当前位置显示屏幕上通过软键操作设定可变参考位置后，是否预设相对位置显示为零。0 表示不预设，1 表示预设。

（4）1201#5（AWK）：变更工件原点补偿值的数值后，是否立即变更。0 表示执行程序后变更，1 表示立即变更。

（5）1201#7（WZR）：程序结束后是否返回 G54 坐标系。0 表示不返回，1 表示返回。

（6）1220—1226：外部工件原点补偿值及各工件坐标系（G54～G59）的工件原点补偿值设定。

（7）1240—1243：第一至第四参考位置机床坐标系下的坐标值设定。

4.6.3　行程限位参数

（1）1300#0（OUT）：两个行程限位的禁止区域设定。0 表示以内为禁止区域，1 表示以外为禁止区域。

（2）1320、1321：每个轴行程检查 1 的正、负方向边界的坐标值设定。

（3）1322、1323：每个轴行程检查 2 的正、负方向边界的坐标值设定。

4.6.4　加/减速控制相关参数

（1）1620：各轴快速进给的直线形加减速时间常数。电机从零加速至额定转速所用的时间，一般设定 150ms 左右。

（2）1622：各轴切削进给的指数形加减速时间常数。移动部件从零加速至程编速度所用的时间，一般设定 100ms 左右。

4.6.5　DI/DO 相关参数

（1）3003#0（ITL）：使所有轴互锁信号有效或无效。设为 1 表示无效。

（2）3003#2（ITX）：使各轴互锁信号有效或无效。设为 1 表示无效。

（3）3003#3（DIT）：使不同轴向的互锁信号有效或无效。设为 1 表示无效。

（4）3003#5（DEC）：用于参考点返回操作的减速信号。设为 0 表示在信号为 0 下减速，设为 1 表示在信号为 1 下减速。

（5）3004#5（OTH）：是否进行超程信号的检查。设为 1 表示不进行。

4.6.6　其他常用参数

（1）0000#0（TVC）：代码竖向校验设定。0 表示不进行，1 表示进行。

（2）0000#1（ISO）：EIA/ISO（美国电子工业协会/国际标准化组织）代码设定。0 表示 EIA 代码，1 表示 ISO 代码。

（3）0000#2（INI）：MDI 方式公/英制设定。0 表示米制，1 表示英制。

（4）0000#5（SEQ）：自动加顺序号设定。0 表示不进行，1 表示进行。

（5）1825：各轴位置环增益设定。

（6）1826：各轴到位宽度设定。

（7）3701#1：是否使用串行主轴设定。0 表示带串行主轴，1 表示不带。

项目实施

实训工单 数控机床参数设定

一、实训目标

1. 掌握与机床设定相关的参数设置。
2. 掌握与阅读机/穿孔机接口相关的参数设置。
3. 掌握有关通道 1（I/O CHANNEL＝0）的参数设置。
4. 掌握有关与 CNC 画面显示功能相关的参数设置。

二、任务实施

以小组形式，根据车间现有设备情况设定相关参数，完成 FANUC CNC 系统的功能。

任务一：记录设备规格参数到表 4.6 中。

表 4.6 设 备 规 格

名　　称		内　　容	
轴名（根据设备实际情况选择）	车床用		
	铣床用		
电机-转工作台移动量			
快移速度			
设定单位			
检测单位			

任务二：参数全清，记录报警号，并在表 4.7 中写下解决方法。

表 4.7 报 警 号 及 解 决 方 法

报警号	处 理 方 案	
	原因	
	解决方法	
	原因	
	解决方法	
	原因	
	解决方法	
	原因	
	解决方法	
	原因	
	解决方法	

三、知识巩固

1. 进行存储行程检测相关参数设定（表4.8）。

表 4.8　　　　　　存储行程检测相关参数设定表

基本组参数	轴　号	设　定　值	含　义
1300			
1304			

2. 与进给速度相关参数设定（表4.9）。

表 4.9　　　　　　与进给速度相关参数设定表

基本组参数	轴　号	设　定　值	含　义
1401			
1402			
1403			
1404			
1405			
1406			
1410			
1411			
1420			
1421			
1423			
1424			

续表

基本组参数	轴　　号	设　定　值	含　　义
1425			

四、评价反馈

序号	考评内容	分值	评价方式			备注
			自评	互评	师评	
1	任务一	30				
2	任务二	30				
3	知识巩固	20				
4	书写规整	10				
5	团队合作精神	10				
	合计	100				

五、个人总结

序号	记　录　总　结	反　思　提　升
1		
2		
3		
4		
5		
6		

项目 5
FANUC 数控系统的硬件连接

项目导入

在当今的工业自动化领域，FANUC 数控系统以其卓越的性能和可靠性，成为机床控制的首选。硬件连接作为数控系统的重要组成部分，涉及电源、驱动器、I/O 模块、伺服电机等多个关键组件的正确安装与配置。这些组件的连接方式和稳定性直接影响到数控机床的性能表现和加工精度。

本项目将详细介绍 FANUC Oi Mate – TD 数控系统的硬件连接方法，包括系统的基本组成、硬件连接的基本原则及连接过程中的注意事项。我们将从电源连接开始，逐步介绍到各个模块的连接方式，确保每一步骤都清晰、准确。

通过本项目的介绍，希望读者能够掌握 FANUC 数控系统硬件连接的详细步骤和技巧，为数控机床的安装、维护和故障排除提供有力的技术支持。

任务目标

- **知识目标**
1. 了解 FANUC 数控系统 I/O LINK 的硬件连接。
2. 掌握 FANUC 数控系统 FSSB 的硬件连接。
- **能力目标**
1. 能够进行 FANUC 数控系统的伺服放大器的硬件连接。
2. 能够进行 FANUC 数控系统的主轴硬接线连接。
- **素养目标**
1. 培养理论联系实际的工作作风。
2. 激发学生在学习过程中自主探究精神。

相关知识

任务 5.1　硬　件　介　绍

FANUC 数控系统的硬件连接是一个复杂而精细的过程，涉及多个关键组件的协同工作。FANUC Oi Mate – TD 数控系统由软件和硬件组成，硬件为软件的运行提供了支持环境。该系统具有用户友好的界面、强大的加工能力、高速高精度、程序编辑和管理、丰富的通信接口以及诊断与故障处理等特点和功能。

5.1.1 数控装置

数控装置是 FANUC 数控系统的核心部分，负责接收和处理来自操作员输入的指令，并将其转化为机器能够理解和执行的信号。它通常由一个或多个处理器、存储器、通信接口和各种输入/输出（I/O）模块组成。

1. 接口定义

(1) COP10A：伺服 FSSB 总线接口，用于连接伺服放大器。

(2) JA1：CRT 接口，用于连接显示器。

(3) JA2：MDI 接口，用于连接手动数据输入设备。

(4) JD36A/JD36B：RS-232-C 接口，用于与其他设备进行串行通信。

(5) JA40：模拟主轴接口，用于连接模拟主轴驱动器。

(6) JD1A：I/O LINK 总线接口，用于连接 I/O LINK 模块。

(7) JA7A：主轴编码器反馈接口，用于接收主轴编码器的反馈信号。

(8) CP1：24V 电源接口，为系统提供稳定的电源。

2. 主要功能

(1) 运动控制：负责机床各轴的运动控制，包括速度、位移和加速度等参数的设定和调整。

(2) 逻辑控制：执行各种逻辑判断和条件分支，实现机床的自动化控制。

(3) 数据处理：存储和处理加工程序、参数和报警信息等数据。

5.1.2 进给伺服放大器

进给伺服放大器是控制伺服电机的装置，它接收来自数控装置的指令，并将其转换为能够驱动伺服电机的电信号。伺服电机因其具有高精度、快速响应和可靠性等特点，在工业自动化中被广泛应用。

1. 接口定义

(1) 伺服总线接口（COP10A/COP10B）：用于连接数控装置和下一个伺服放大器。

(2) 伺服控制信号输入接口（JV1B、JV2B）：接收来自数控装置的伺服控制信号。

(3) 伺服位置反馈信号输入接口（JF1、JF2）：接收来自伺服电机编码器的位置反馈信号。

(4) 伺服电动机动力线连接插口（CZ2L、CZ2M）：连接伺服电动机的动力线。

2. 主要功能

(1) 电压和电流调节：通过调节输出电压和电流，实现对伺服电机的精确控制。

(2) 位置控制：根据数控装置的指令，控制伺服电机的转动位置和速度。

(3) 故障诊断：实时监测伺服电机的运行状态，及时发现并报告故障。

5.1.3 伺服电机

伺服电机是由伺服驱动器控制的电机，其转动是通过接收伺服驱动器发送的电信号来控制的。伺服电机在 FANUC 数控系统中起着关键作用，负责驱动机床的执行部件实现精确的工作进给和快速移动。

1. 类型

(1) 交流伺服电机：广泛应用于数控机床中，具有高精度、快速响应和可靠性等特点。

（2）直流伺服电机：虽然不如交流伺服电机常用，但在某些特定场合下仍具有优势。

2．主要特点

（1）高精度：通过编码器反馈信号，实现对电机转动位置和速度的精确控制。

（2）快速响应：能够迅速响应数控装置的指令，实现快速移动和定位。

（3）可靠性：采用先进的材料和制造工艺，确保电机的长期稳定运行。

5.1.4　主轴伺服系统

主轴伺服系统主要由主轴驱动装置及主轴电动机组成，负责机床主轴的驱动和控制。FANUC 数控系统提供了模拟主轴和串行主轴接口供用户选择。

1．模拟主轴

（1）通用变频器：当用户选择模拟主轴时，通常选用通用变频器作为主轴驱动装置。通用变频器具有多种功能，如正转启动、反转启动、多段转速选择等。

（2）接口定义：如 STF（正转启动）、STR（反转启动）、RH/RM/RL（多段转速选择）等。

2．串行主轴

（1）SPM 系列专用主轴驱动装置：当用户选择串行主轴时，FANUC 数控系统提供了 SPM 系列专用主轴驱动装置。SPM 系列驱动装置具有高精度、高稳定性和高可靠性等特点。

（2）接口定义：如 SPM－15 主轴驱动装置接口信号的定义等。

5.1.5　电源装置

电源装置是 FANUC 数控系统的重要组成部分，负责为系统提供稳定的电源。电源装置分为普通稳压开关电源和 FANUC 专用电源两种。

1．普通稳压开关电源

（1）特点：造价低、接线简单，广泛用于普通数控车、铣床等场合。

（2）测量：可使用万用表测量 L、N（交流）及 L＋、M（直流）等参数。

2．FANUC 专用电源

（1）特点：多用于加工中心等高端数控设备，具有高精度、高稳定性和高可靠性等特点。

（2）型号参数：如 PSM□-□□（电源装置型号、制动形式、额定输出功率、输入电压等）。

5.1.6　I/O LINK 模块

I/O LINK 模块是 FANUC 数控系统中用于连接机床控制板和操作面板的接口模块。通过 I/O LINK 功能，可以大大减少布线，提高系统的可靠性和可维护性。

1．接口定义

（1）CX2A/CX2B：DC24V 电源、＊ESP 急停信号、XMIF 报警信息输入输出接口。

（2）其他接口：如 CX5X（绝对编码器电池接口）、JX5（伺服检测板信号接口）等。

2．主要功能

（1）数据传输：实现数控装置与机床控制板之间的数据传输和通信。

（2）状态监测：实时监测机床控制板的状态，及时发现并报告故障。

5.1.7 传感器和编码器

传感器和编码器在FANUC数控系统中起着关键作用，用于检测和测量各种物理量，如位置、压力、温度等。

1. 传感器

（1）类型：如温度传感器、压力传感器、位移传感器等。

（2）功能：将检测到的物理量转换为电信号，发送给数控装置进行处理。

2. 编码器

（1）类型：如光栅尺、磁栅尺等。

（2）功能：测量和监控机床的位置与速度，提供精确的位置反馈信号。

5.1.8 其他硬件组件

除了上述主要硬件组件外，FANUC数控系统还包括一些其他重要的硬件组件，如DRAM模块（动态随机存取存储器）、PMC模块（可编程控制器）等。

1. DRAM模块

（1）功能：存储CNC及伺服的控制软件、加工程序和参数等数据。

（2）特点：具有高速读写能力和大容量存储空间。

2. PMC模块

（1）功能：处理NC与机床接口的模块，执行顺序回路上的CNC专用命令。

（2）特点：具有强大的逻辑控制能力和可扩展性。

任务 5.2 硬件的安装与连接

5.2.1 电源接口

控制器的DC24V电源，由外部电源进行供给。为了避免噪声和电压波动对CNC的影响，建议采用独立的电源单元对CNC进行供电。

另外，在使用PC（个人计算机）功能的场合，停电等瞬间断电的情况都可能造成数据内容遭到破坏，所以建议考虑配置后备电源。接线前，请先确认各电源的输出电压。输出电压+24V±10%（21.6～26.4V）。接口：CP1，CNC用电源线的接线图，如图5.1所示。

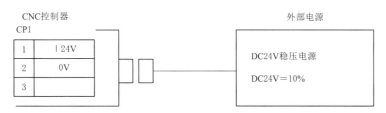

图5.1 FANUC Oi Mate‐TD电源接口图

5.2.2 I/O LINK接口

FANUC PMC是由内装PMC软件、接口电路、外围设备（接近开关、电磁阀、压力开关等）构成。连接主控系统与从属I/O接口设备的电缆为高速串行电缆，被称为I/OLINK，它是FANUC专用I/O总线，如图5.2所示，工作原理与欧洲标准工业总线Profibus 类似，但协议不一样。另外，通过 I/O LINK 可以连接 FANUC β 系列伺服驱动模块，作为 I/O LINK 轴使用。

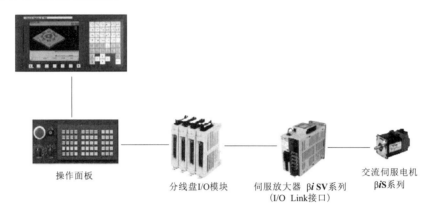

操作面板　　分线盘I/O模块　　伺服放大器 β*i* SV系列　　交流伺服电机 β*i*S系列
　　　　　　　　　　　　　　　　（I/O Link接口）

图 5.2　I/O LINK 连接图

通过 RS232 或以太网，FANUC 系统可以连接 PC，对 PMC 接口状态进行在线诊断、编辑、修改梯形图。

5.2.3　FSSB 电缆连接

FANUC 驱动部分从硬件结构上分，主要有四个组成部分。

1. 轴卡

轴卡就是接光缆的那块 PCB（印刷电路板），在现今的全数字伺服控制中，都已经将伺服控制的调节方式、数学模型甚至脉宽调制以软件的形式融入系统软件中，而硬件支撑采用专用的 CPU 或 DSP（数字信号处理器）等，这些部件最终集成在轴控制卡，如图 5.3 所示。轴卡的主要作用是速度控制与位置控制。

2. 放大器

接收轴卡（通过光缆）输入的光信号转换为脉宽调制信号，经过前级发达驱动 IGBT 模块输出电机电流，如图 5.4 所示。

图 5.3　轴卡

图 5.4　放大器

3. 电机

伺服电机或主轴电机，放大器输出的驱动电流产生旋转磁场，驱动转子旋转，如图 5.5 所示。

4. 反馈装置

由电机轴直连的脉冲编码器作为半闭环反馈装置，如图 5.6 所示。FANUC 早期的产品使用旋转变压器做半闭环位置反馈，测速发电机作为速度反馈，但今天这种结构已经被淘汰。

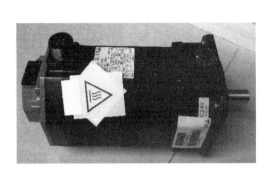　

图 5.5　伺服电机　　　　　　　　　　图 5.6　伺服电机编码器

FSSB 电缆的连接示意图如图 5.7 所示。连接顺序为：①轴卡接口 COP10A 输出脉宽调制指令，并通过 FANUC 串行伺服总线（fanuc serial servo bus，FSSB）光缆与伺服放大器接口 COP10B 相连；②伺服放大器整形放大后，通过动力线输出驱动电流到伺服电机；③电机转动后，同轴的编码器将速度反馈和位置反馈到 FSSB 总线上，最终回到轴卡上进行处理。

图 5.7　FSSB 电缆连接示意图

5.2.4　主轴控制接口的连接

主轴控制接口是数控系统与主轴驱动装置之间的桥梁，用于传递控制信号和监测主轴状态。根据主轴驱动方式的不同，主轴控制接口可以分为串行主轴控制接口和模拟主轴控制接口。

1. 串行主轴控制接口

当使用 FANUC 公司的主轴驱动装置时，如 SPM 系列，则采用串行主轴接口。数控系统通过串行通信方式向主轴驱动装置发送控制指令，实现更精确、更快速的控制。

2. 模拟主轴控制接口

当采用非 FANUC 公司主轴电机时，可以使用变频器驱动。此时，数控系统通过模

图 5.8 FANUC Oi Mate－TD 数控系统模拟
主轴连接实物图

拟主轴接口向变频器提供－10V～＋10V 的模拟指令信号，从而控制主轴转速。FANUC Oi Mate－TD 数控系统模拟主轴连接实物如图 5.8 所示。

系统与主轴相关的系统接口有：①JA40：模拟量主轴的速度信号接口（0～10V），CNC 输出的速度信号（0～10V）与变频器的模拟量频率设定端连接，控制主轴电机的运行速度。②JA7A：串行主轴/主轴位置编码器信号接口，当主轴为串行主轴时，与主轴变频器的 JA7B 连接，实现主轴模块与 CNC 系统的信息传递；当主轴为模拟量主轴时，该接口又是主轴位置编码的主轴位置反馈接口。

3. 主轴相关参数

FANUC Oi Mate－TD 数控系统的主轴相关参数见表 5.1。

表 5.1　　　　　　　　　　主 轴 相 关 参 数

参数号	符　号	参数号	符　号
3701/1ISI	使用串行主轴	3730	主轴模拟输出的增益调整
3701/4SS2	用第二串行主轴	3731	主轴模拟输出时电压偏移的补偿
3705/0ESFS	和 SF 的输出	3732	定向/换挡的主轴速度
3705/4EVSS	和 SF 的输出	3734	第二挡主轴最高速度
3708/0SAR	检查主轴速度到达信号		

5.2.5　数控系统电源模块接口

电源模块（power supply module，PSM）是数控系统的核心组件之一，主要功能是将输入的交流电转换为适合系统使用的电压等级，并提供稳定的电力供应。它通常由电网断路器、变压器、交流三相输入端、直流输出端等部分组成。

1. 电源模块的作用

电源模块的作用主要是将三相交流电转换成直流电，为主轴放大器和伺服放大器提供 300V 直流电源。在运动指令控制下，主轴放大器和伺服放大器经过由 IGBT 模块组成的三相逆变电路输出三相变频交流电，控制主轴电动机和伺服电动机按照指令要求的动作运行。电源模块还提供 24V 直流电源。

2. 电源模块型号含义

电源模块型号含义如图 5.9 所示。FANUC 的 α 系列电源模块主要分为 PSM、PSMR、PSM－HV、PSMV－HV 四种型号。

3. 输入电压规格

电源模块输入电压分为交流 200V 和交流 400V 两种规格。

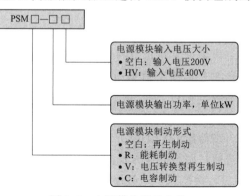

图 5.9　电源模块型号含义

（1）交流200V：适用于大多数常规工业应用，这种电压等级的电源模块体积较小，成本相对较低。

（2）交流400V：适用于需要更大功率的应用场景，这种电压等级的电源模块能够提供更高的电力输出，但体积和成本也会相应增加。

5.2.6 数控系统主轴放大器模块接口

1. 主轴放大器的作用

在数控机床中，主轴放大器模块（spindle amplifier module，SPM）扮演着至关重要的角色。无论是数控车床还是数控铣床、镗铣加工中心，主轴的旋转运动都是核心的主运动。主轴的旋转方向和速度会根据加工要求和过程自动调整。数控系统主轴放大器（SPM）的任务是接收来自CNC的指令，并据此控制和驱动主轴电动机的工作。这一过程确保了机床精确地执行各种加工任务，从而提高生产效率和加工质量。

2. 主轴放大器型号含义

主轴放大器型号含义如图5.10所示。主轴放大器α系列主要有SPM、SPMC、SPM-HV三种类型。

5.2.7 数控系统伺服放大器模块接口

1. 伺服放大器的作用

要加工出各种形状的工件，达到零件图样所要求的形状、位置、表面质量精度要求，刀具和工件之间必须按照给定的进给速度、给定的进给方向、一定的切削深度做相对运动。这个相对运动是由一台或几台伺服电动机驱动的。伺服放大器接受从控制单元CNC发出伺服轴的进给运动指令，经过转换和放大后驱动伺服电动机，实现所要求的进给运动。

2. 伺服放大器型号含义

伺服放大器型号含义如图5.11所示。FANUC的α系列伺服放大器主要有SVM、SVM-HV两种类型。SVM伺服放大器一个模块最多可以带三个伺服轴，SVM-HV伺服放大器一个模块最多可带两个伺服轴。

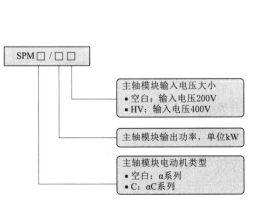

图5.10 主轴放大器型号含义

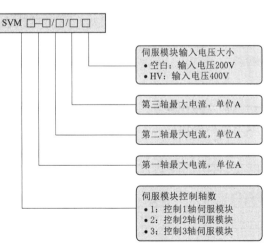

图5.11 伺服放大器型号含义

项目实施

实训工单　数控系统的硬件连接

一、实训目标

1. 掌握 FANUC 数控系统的硬件连接。
2. 了解数控系统各硬件的构成。

二、任务实施

以小组形式，根据车间现有设备情况设定相关参数，实现 FANUC CNC 系统的功能。

任务一：使用六角扳手打开系统后板，仔细观察并完成图 5.12。

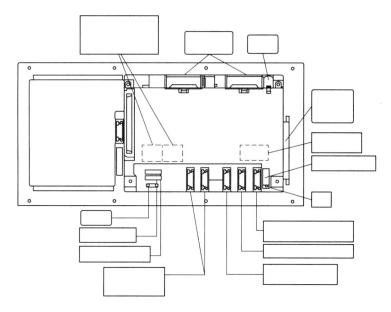

图 5.12　FANUC 系统后视图

任务二：查看 FANUC 数控系统各硬件的构成，熟悉各硬件的接口及作用，并将相关信息填写在表 5.2 中。

表 5.2　　　　　　　　　　　FANUC 数控系统硬件接口

序号	FANUC 数控系统硬件名称	接口标识	接口作用
1			
2			
3			
4			

续表

序号	FANUC 数控系统硬件名称	接口标识	接口作用
5			
6			
7			

三、知识巩固

1. 操作系统是一种（　　）。
　　A. 系统软件　　　　B. 系统硬件　　　　C. 应用软件　　　　D. 支援软件
2. 因操作不当和电磁干扰引起的故障属于（　　）。
　　A. 机械故障　　　　B. 强电故障　　　　C. 硬件故障　　　　D. 软件故障
3. 计算机数控系统的优点不包括（　　）。
　　A. 利用软件灵活改变数控系统功能，柔性高
　　B. 充分利用计算机技术及其外围设备增强数控系统功能
　　C. 数控系统功能靠硬件实现，可靠性高
　　D. 系统性能价格比高，经济性好

四、评价反馈

序号	考评内容	分值	评价方式			备注
			自评	互评	师评	
1	任务一	30				
2	任务二	30				
3	知识巩固	20				
4	书写规整	10				
5	团队合作精神	10				
	合计	100				

五、个人总结

序号	记录总结	反思提升
1		
2		
3		
4		
5		
6		

项目 6
FANUC 数控机床电气线路连接训练

项目导入

在当今工业自动化领域蓬勃发展的背景下，FANUC 数控系统凭借其出色的性能和可靠性，已成为机床控制领域的佼佼者。作为数控系统的核心，硬件连接的精确性和稳定性对于确保数控机床的高效运行和加工精度至关重要。这一连接过程涵盖了电源、驱动器、I/O 模块、伺服电机等多个关键组件的安装与配置，每一项都直接影响到机床的整体性能。

随着数控机床在各行各业的广泛应用，其数量与日俱增，成为机床自动化的典型代表。与普通机床相比，数控机床的电气控制线路更为复杂，其中数控系统的电气连接尤为关键，它涵盖了数控装置与 MDI/CRT 单元、电气柜、主轴单元、进给伺服单元、机床冷却系统、启动与急停电气控制以及检测装置反馈信号线的连接等多个方面。

本项目旨在深入解析 FANUC Oi Mate–TD 数控系统的硬件连接方法，从电源连接出发，逐步揭示各模块的连接奥秘，确保每一步都精确无误。同时，结合数控机床电路图的电气元件和接线，我们将指导学生如何运用万用表、示波器等检测工具，分析和诊断数控机床电气电路的工作状态，从而精准定位并排除电路故障，使数控机床恢复其应有的功能和性能。

任务目标

- **知识目标**
1. 掌握数控机床低压电器工作原理和电气原理图识读。
2. 掌握数控机床的启动控制回路。
- **能力目标**
1. 能够进行数控机床变频主轴的电气连接和调试。
2. 能对数控机床的进给传动电气控制进行一般功能的调试。
- **素养目标**
1. 理解数控机床电气连接目的，懂得理论联系实际的重要性。
2. 能够利用电工工具进行电气线路的连接，促进动手能力的培养。

相关知识

任务 6.1　数控机床主传动系统的电气连调

主轴驱动系统用于控制机床主轴的旋转运动，为机床主轴提供驱动功率和所需的切削力。主要关心其是否有足够的功率、宽的恒功率调节范围及速度调节范围，它只是一个速度控制系统。

FANUC Oi Mate 系统主轴控制可分为主轴串行输出/主轴模拟输出（spindle serial output/spindle analog output）。用模拟量控制的主轴驱动单元（如变频器）和电动机称为模拟主轴，主轴模拟输出接口只能控制一个模拟主轴。按串行方式传送数据（CNC 给主轴 电动机的指令）的接口称为串行输出接口；主轴串行输出接口能够控制两个串行主轴，必须使用 FANUC 的主轴驱动单元和电动机，主轴控制相关组件如图 6.1 所示。

图 6.1　主轴控制相关组件

6.1.1　数控机床模拟主轴速度控制原理

在数控机床主轴驱动系统中，采用变频调速技术调节主轴的转速，具有高效率、宽范围、高精度的特点，变频器广泛用于交流电机的调速中。

三相异步电动机感应电动机的转子转速为

$$n = 60f_1(1-s)/p$$

式中　f_1——定子供电频率（电源频率），Hz；

　　　p——电动机定子绕组极对数；

　　　s——转差率。

从上式可看出，电动机转速与频率近似成正比，改变频率即可以平滑地调节电动机转速。

要改变电动机的转速，有以下几种方法。

（1）改变磁极对数 p，电动机的转速可做有级变速。

（2）改变转差率 s。

（3）改变频率 f_1。

在数控机床中，交流电动机的调速常采用变频调速的方式，其频率的调节范围是很宽的，可在 $0\sim400\mathrm{Hz}$（甚至更高频率）之间任意调节，因此主轴电动机转速即可以在较宽的范围内调节。在模拟主轴输出有效的情况下，数控机床只可以使用主轴转速指令控制和基于 PMC 的主轴速度指令控制。

6.1.2 变频主轴的电气连接图

变频主轴的电气连接如图 6.2 所示。

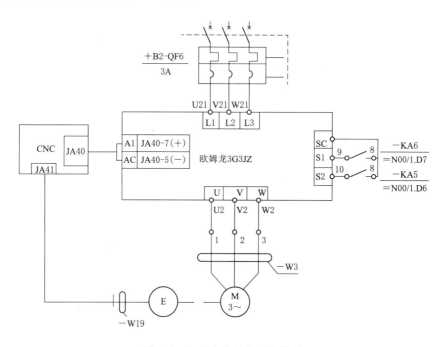

图 6.2 变频主轴的电气连接图

三相 380V 交流电压通过断路器 QF 接到变频器的电源输入端 L1、L2、L3 上，变频器输出电压 U、V、W 接到主轴电动机 M 上。QF 是电源总开关，且具有短路和过载保护作用。正反转控制通过 S1、S2、SC 端实现，当 S1 和 SC 之间短路，变频器做正向运转，当 S2 和 SC 之间短路，变频器做反向运转。A1、AC 连接到数控系统的模拟量主轴的速度信号接口 JA40，CNC 输出的速度信号（$0\sim10$V）与变频器的模拟量频率设定端 A1、AC 连接，控制主轴电机的运行速度。主轴位置编码器信号接口 JA41 连接主轴的编码器，将主轴的转速反馈给数控系统，实现主轴模块与 CNC 系统的信息传递。

6.1.3 FANUC Oi Mate‑TD 数控车床模拟主轴电气原理图

FANUC Oi Mate‑TD 数控系统连接如图 6.3 所示。

FANUC Oi Mate‑TD 数控车床模拟主轴电路如图 6.4 所示。

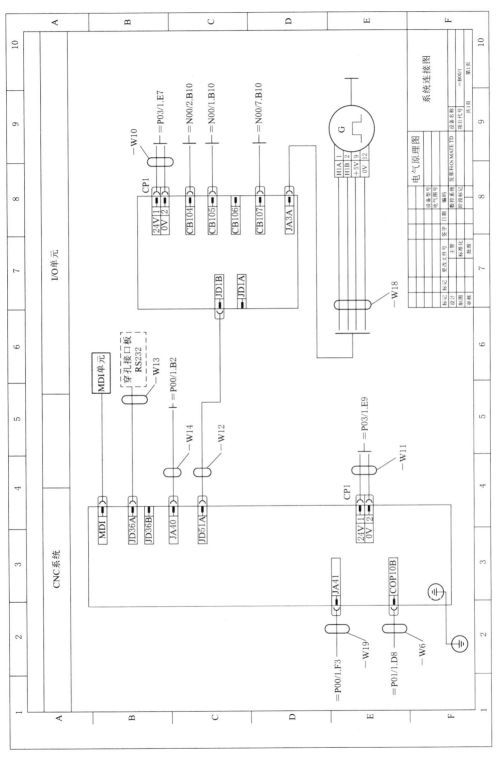

图 6.3 FANUC Oi Mate - TD 数控系统连接图

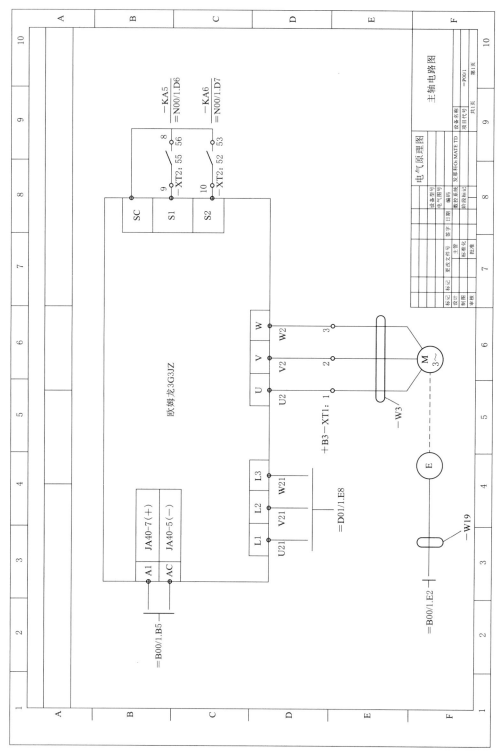

图 6.4　FANUC Oi Mate - TD 数控车床模拟主轴电路图

任务 6.2　数控机床进给传动系统电气连调

进给驱动系统是用于数控机床工作台坐标或刀架坐标的控制系统，控制机床各坐标轴的切削进给运动，并提供切削过程所需的力矩，选用时主要看其力矩大小、调速范围大小、调节精度高低、动态响应的快速性，进给驱动系统一般包括速度控制环和位置控制环。

6.2.1　伺服进给系统电气连接图

系统与 X 轴放大器、Z 轴放大器的 FSSB 总线的连接如图 6.5 所示。

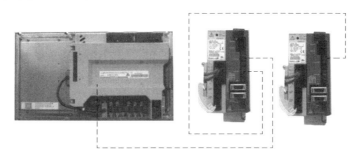

图 6.5　系统与 X 轴放大器、Z 轴放大器的 FSSB 总线的连接

伺服放大器需要连接的电缆包含伺服电机动力电缆、伺服电机反馈电缆，伺服放大器与电机连接如图 6.6 所示。

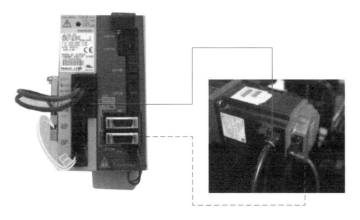

图 6.6　伺服放大器与电机连接

6.2.2　FANUC Oi Mate‐TD 数控车床进给驱动模块电气原理图

FANUC Oi Mate‐TD 数控系统连接如图 6.7 所示。

FANUC Oi Mate‐TD 数控车床总电源保护电路如图 6.8 所示。

FANUC Oi Mate‐TD 数控车床变压器电路如图 6.9 所示。

FANUC Oi Mate‐TD 数控车床 X 轴电路如图 6.10 所示。

FANUC Oi Mate‐TD 数控车床 Z 轴电路如图 6.11 所示。

FANUC Oi Mate‐TD 数控车床 MCC 控制电路如图 6.12 所示。

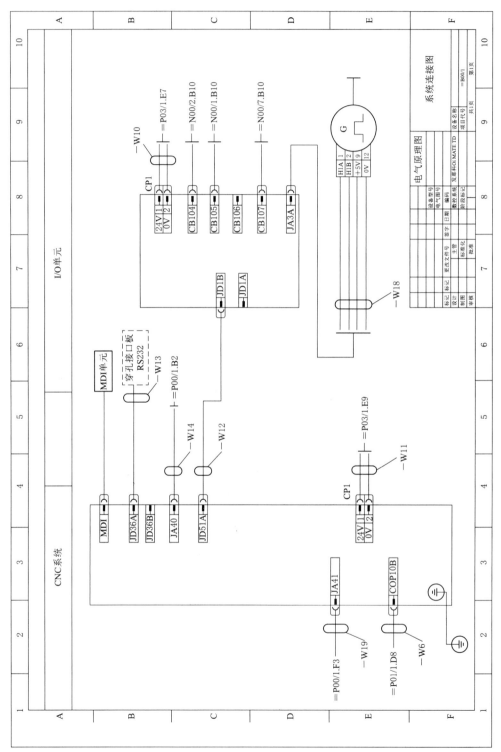

图 6.7　FANUC Oi Mate – TD 数控系统连接图

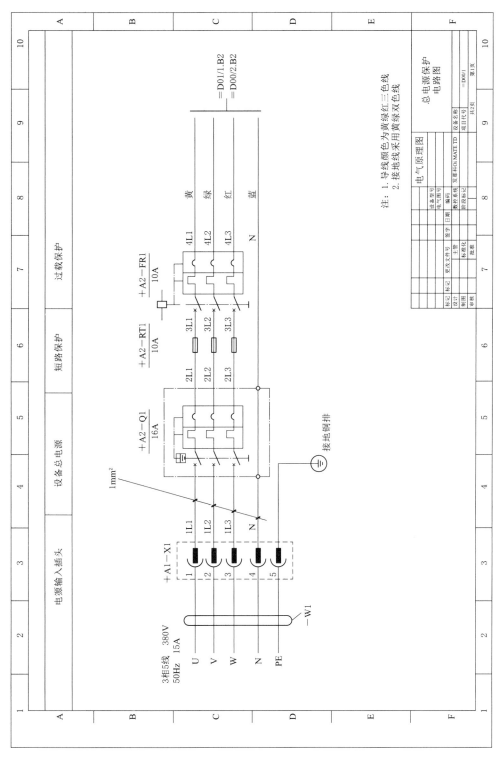

图6.8 FANUC Oi Mate - TD 数控车床总电源保护电路图

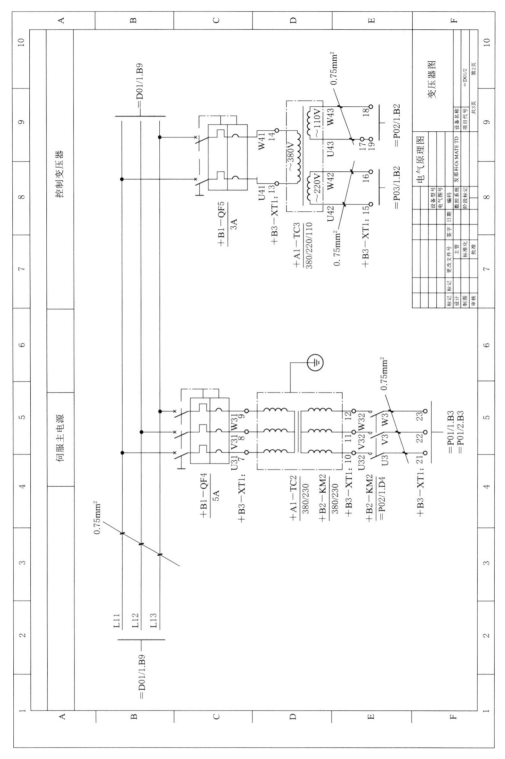

图 6.9　FANUC Oi Mate-TD 数控车床变压器电路图

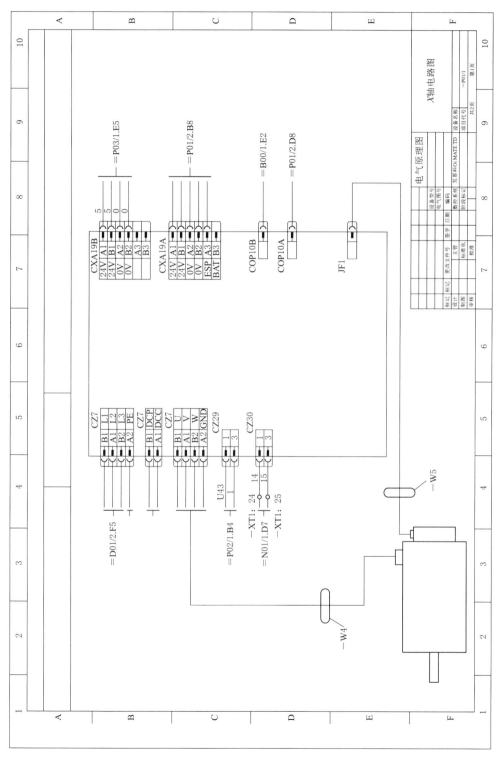

图 6.10 FANUC Oi Mate - TD 数控车床 X 轴电路图

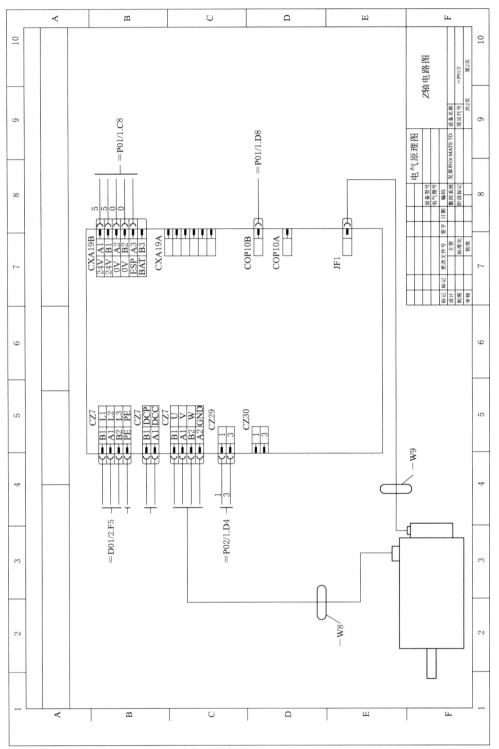

图 6.11 FANUC Oi Mate - TD 数控车床 Z 轴电路图

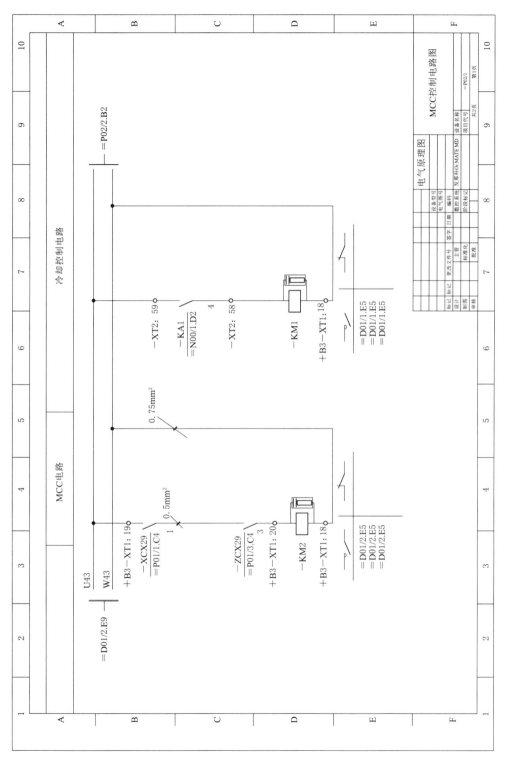

图 6.12 FANUC Oi Mate-TD 数控车床 MCC 控制电路图

任务6.3 数控机床冷却、启动与急停电气控制

6.3.1 数控机床冷却电气控制

1. 数控机床冷却功能原理

数控机床冷却功能在机床的切削加工中很重要，冷却液可以带走切削中大量的热量，以减小对机床加工精度的影响，在数控机床中，冷却功能往往采用长动控制的基本环节。数控机床冷却按键作为输入信号连接数控系统，此信号经过 PLC 处理后控制数控系统输出一个冷却输出信号，此输出信号连接电气柜中的继电器线圈，继电器触点控制一个交流接触器线圈的吸合，此交流接触器的触点又来接通或者断开冷却泵电机的动力线。按一次冷却按键，冷却泵通电；再按一次冷却按键，冷却泵停止，如此循环往复。

2. 数控机床冷却功能连接图

FANUC Oi Mate - TD 数控机床冷却功能连接图如图 6.13 所示。

3. FANUC Oi Mate - TD 数控车床进给驱动模块电气原理图

FANUC Oi Mate - TD 数控机床冷却主电路如图 6.14 所示。

FANUC Oi Mate - TD 数控机床冷却控制电路如图 6.15 所示。

6.3.2 数控机床启动和急停电气控制

1. 数控机床启动和急停功能原理

数控机床启动和急停功能更是数控机床非常重要的电气连接模块。那么我们应该如何来实现数控机床启动和急停电路的连调，系统启动急停采用 24V 电源的长动基本环节？数控机床常采用紧急停止按钮和超程处理方式，保证在危险的情况下，使数控机床能够快速地停止；可以采用安全门防护装置，如带闭锁的或不带闭锁的机械式插片开关，防止人员随意进入危险的区域，保证维修人员在危险区域内安全地进行操作；可以使用安全监控速度功能、调试使用按钮和电子手轮，监控机器的超速和停止状态，并且保证人员在打开安全门的情况下安全地调试机器。

数控机床急停和超程处理是数控机床安全性的重要内容，一台机床在验收和使用时肯定涉及这两方面的内容。在 FANUC 数控系统应用中，急停和超程有以下几种常规处理方法：进给轴超程开关为动断触点，急停按钮与每个进给轴的超程开关串接，当没有按急停按钮或进给轴运动没有超程时，KA1 继电器吸合，相应的 KA1 触点闭合，则 Oi - D 系统的 I/O 模块 X8.4 处信号为 1，同时另一个 KA1 触点一闭合。ai 伺服单元的电源模块 CX4 插座的 2、3 管脚接收急停信号，闭合为没有急停信号。KA1 触点闭合后，若 Oi - D 系统和 ai 伺服单元本身以及之间的连接没有故障，则 ai 电源模块内部的 MCC 触点闭合，即 CX3 的管脚 1、3 接通。使用该伺服单元内部的 MCC 触点来控制外部交流接触器吸合，当外部交流接触器 KM 吸合，三相交流 220V 电源模块就施加到了伺服单元的主电源输入端（L1、L2、L3），数控系统和伺服单元就能正常工作。

2. 数控数控机床电源连接图

FANUC Oi Mate - TD 数控机床电源连接如图 6.16 所示。

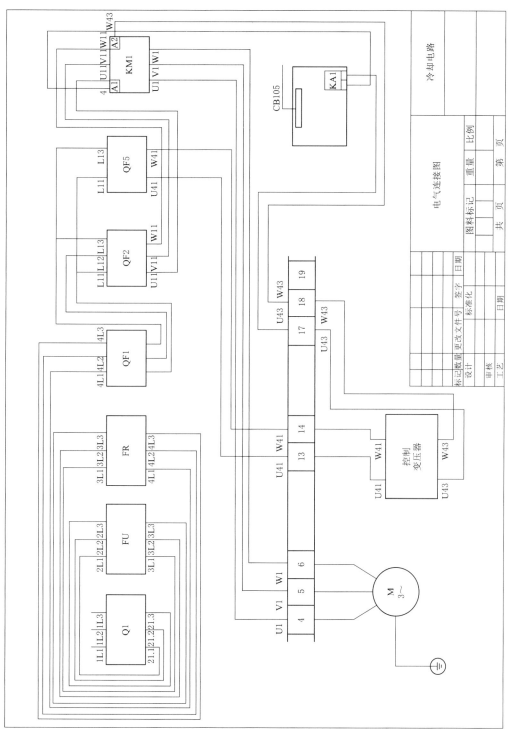

图 6.13 FANUC Oi Mate – TD 数控机床冷却功能连接图

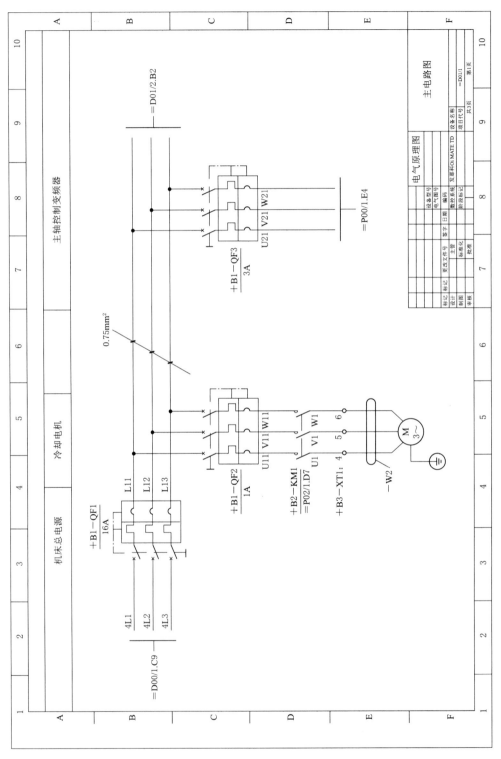

图 6.14 FANUC Oi Mate - TD 数控机床冷却主电路

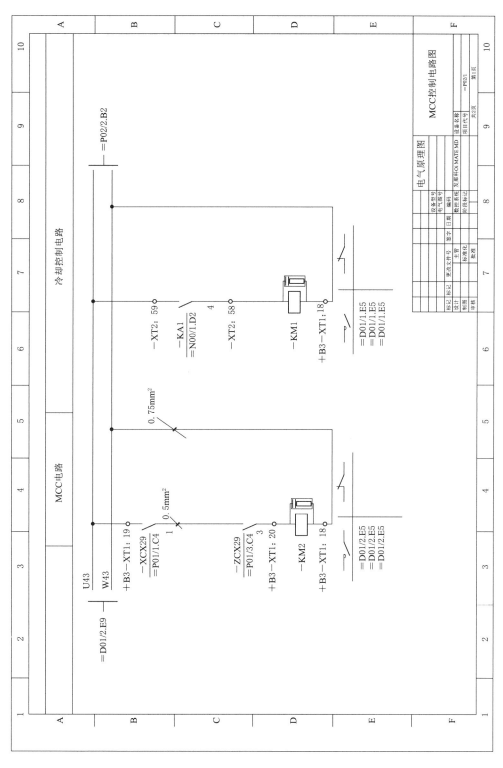

图 6.15 FANUC Oi Mate-TD 数控机床冷却控制电路

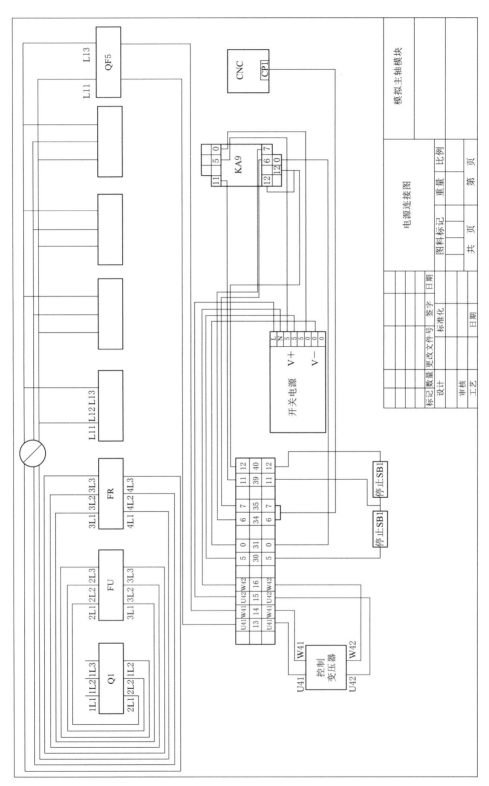

图 6.16　FANUC Oi Mate - TD 数控机床电源连接图

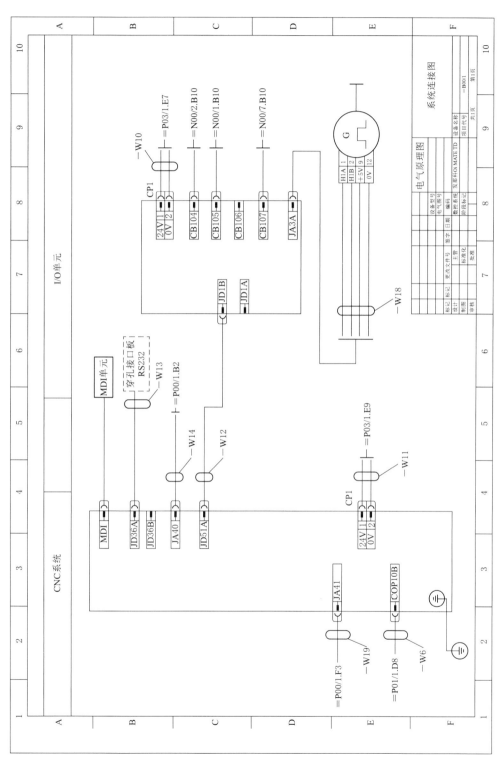

图 6.17 FANUC 0i Mate-TD 数控系统连接图

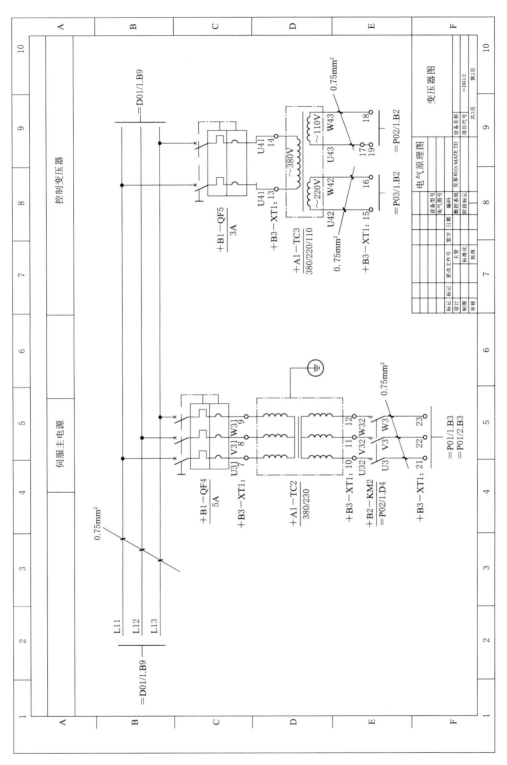

图 6.18　FANUC Oi Mate‑TD 数控车床变压器电路图

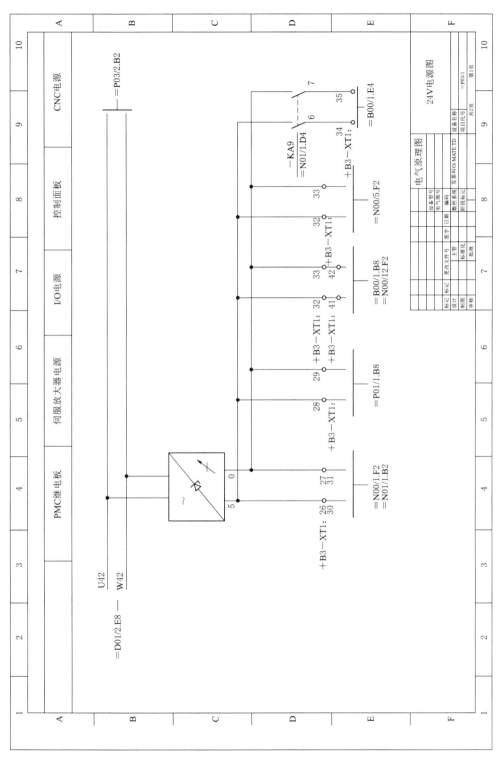

图 6.19 FANUC Oi Mate-TD 数控系统 24V 电源图

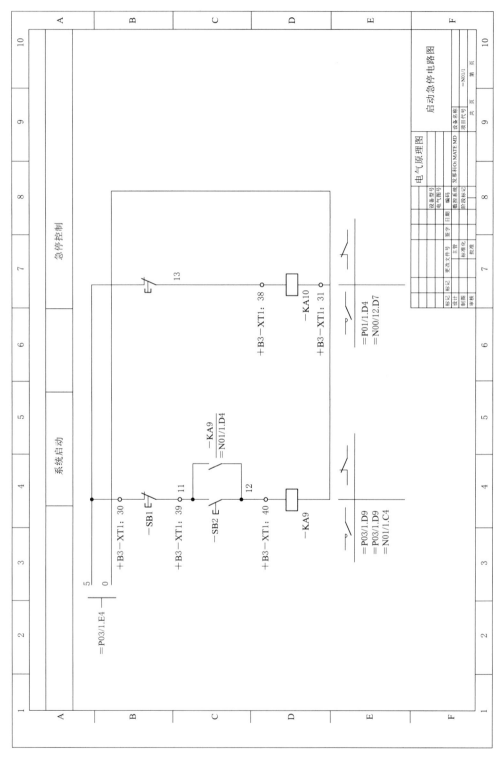

图 6.20 FANUC Oi Mate - TD 数控系统启动急停电路图

3.FANUC Oi Mate‐TD 数控机床启动和急停功能电气原理图

FANUC Oi Mate‐TD 数控系统连接如图 6.17 所示。

FANUC Oi Mate‐TD 数控车床变压器电路如图 6.18 所示。

FANUC Oi Mate‐TD 数控系统 24V 电源如图 6.19 所示。

FANUC Oi Mate‐TD 数控系统启动急停电路如图 6.20 所示。

项目实施

实训工单　数控系统模拟主轴电气连接

一、实训目标

1. 理解并能绘画电气连接图。

2. 掌握数控系统模拟主轴电气连接操作。

二、任务实施

以小组形式，完成 FANUC Oi Mate‐TD 数控系统模拟主轴电气连接。

任务一：查阅书本及网上资料，小组讨论并制订方案，在表 6.1 中填入任务计划分配。

表 6.1　　　　　　　　　　　　　小 组 任 务 计 划 表

班级：＿＿＿＿＿＿＿＿　　　组别：＿＿＿＿＿＿　　　日期：＿＿＿＿＿＿＿＿＿

学生姓名：＿＿＿＿＿＿　　　指导教师：＿＿＿＿＿＿　　　成绩（完成或没完成）：＿＿＿＿＿＿

步骤	任 务 内 容	完 成 人 员
1		
2		
3		
4		
5		
6		

任务二：讨论并将连接过程中所需要准备的工具与材料填入表 6.2。

表 6.2　　　　　　　　　　需要的工具和材料清单

类型	名称	规格	单位	数量
工具				

任务三：根据 FANUC Oi Mate‐TD 数控系统模拟主轴接口连接图与电气原理图，如图 6.21 和图 6.22 所示，绘制数控系统模拟主轴电气连接图。

97

图 6.21　主轴接口连接图

任务四：按电气原理图完成电气线路的连接，连接操作评分见表 6.3。

表 6.3　　　　　　　　　　　　　　　电气线路的连接评分表

项目	项目配分	评分点	配分	扣 分 说 明	得分	项目得分
电气连接	40	电气连接	20	1. 不按原理图接线每处 5 分 2. 布线不进线槽、不美观，主电路、控制电路每根扣 4 分 3. 接点松动、露铜过长、压绝缘层，标记线号不清楚、遗漏或误标，引出端无压端子每处扣 2 分 4. 损伤导线绝缘层或线芯，每根扣 2 分 5. 线号未标或错标每处扣 1 分		
			20	1. 检查线路连接有错误每处扣 2 分 2. 上电前未检测短路、虚接、断路；上电中未采用逐级上电等每项扣 5 分 3. 首次通电前不通知现场技术人员检查扣 5 分		
功能验证	40	功能实现	40	1. 手动方式下，实现主轴正转功能，未实现扣 10 分 2. 手动方式下，实现主轴反转功能，未实现扣 10 分 3. MDI 方式下，实现主轴正转功能，未实现扣 10 分 4. MDI 方式下，实现主轴反转功能，未实现扣 10 分		
职业素养与安全	20	操作规范	4			
		材料利用率	4			
		工具使用情况	4			
		现场安全、文明情况	4			
		团队分工协作情况	4			
合　　计						

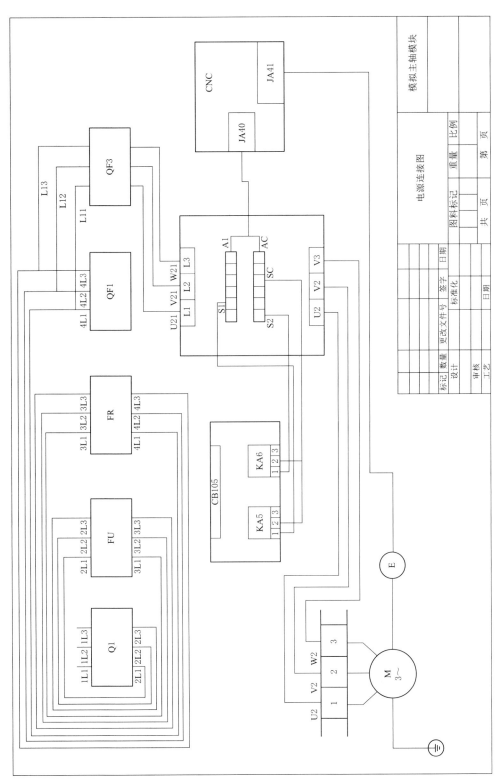

图 6.22 电气原理图

99

三、知识巩固

1. 按国标规定，"停止"按钮必须是（　　　）色，"启动"按钮必须是（　　　）色。

2. 电气控制系统中常用的保护环节有（　　　）、（　　　）、（　　　）、失电压保护、过电压保护及弱磁保护等。

3. 分析电气原理图的基本原则是（　　　）。

　　A. 先分析交流通路　　　　　　　　B. 先分析直流通路

　　C. 先分析主电路、后分析辅助电路　　D. 先分析辅助电路、后分析主电路

4. 同一电器的各个部件在图中可以不画在一起的图是（　　　）。

　　A. 电气原理图　　　　　　　　　　B. 电器布置图

　　C. 电气系统图　　　　　　　　　　D. 电气安装接线图

四、评价反馈

序号	考评内容	分值	评价方式			备注
			自评	互评	师评	
1	任务一	10				
2	任务二	10				
3	任务三	20				
4	任务四	20				
5	知识巩固	20				
6	书写规整	10				
7	团队合作精神	10				
	合计	100				

五、个人总结

序号	记　录　总　结	反　思　提　升
1		
2		
3		
4		
5		
6		

项目 7
数控机床部件安装与调试

项目导入

在当今的先进制造领域，数控机床以其高精度、高效率和灵活性，成为加工制造的核心设备。而数控机床部件的安装与调试，作为确保机床性能发挥的关键环节，涉及底座安装、传动系统装配、电气系统连接、控制系统调试等多个复杂而精细的步骤。这些步骤的正确执行与部件间的紧密配合，直接关乎机床的加工精度、运行稳定性和生产效率。

本项目将深入剖析数控机床部件的安装与调试流程，从机床的基本构造出发，详细阐述安装与调试的基本原则、关键步骤以及注意事项。我们将从机床底座的稳固安装开始，逐步深入传动系统的精密装配、电气系统的细致连接，以及控制系统的精准调试，确保每一步都严谨、规范。

通过本项目的系统介绍，我们旨在帮助读者全面掌握数控机床部件安装与调试的核心技术与要领，为机床的安装调试、日常维护和故障排查提供坚实的理论与实践支持，助力制造业的智能化升级与高质量发展。

任务目标

- **知识目标**
1. 学会使用数控机床安装与调试常用的工量具。
2. 了解数控车床电动刀架的结构。
- **能力目标**
1. 能够使用常用的机械拆卸、装配及检测工具。
2. 掌握数控机床各部位的安装与调试方法。
- **素养目标**
1. 明确专业责任，增强使命感和责任感。
2. 了解岗位要求，培养正确、规范的工作习惯和严肃认真的工作态度。

相关知识

任务7.1　数控机床安装和调试常用的工量具

确保数控机床能够以最高效率和精确度运行，其安装与调试工作起到了决定性作用。这一过程不仅对设备长期稳定运作至关重要，也直接影响到生产效率和产品质量。在安装和调试数控机床时，正确选择和使用相应的工具及量具是实现最佳装配效果的关键。

7.1.1 常用工具

常用工具有扳手类、螺钉旋具、钳子、锤子、铜棒、铝棒、千斤顶、油壶、油枪、撬棍等，其中扳手包括活扳手、呆扳手、梅花扳手、内六角扳手、扭力扳手、成套手动套筒扳手和钩形扳手等，常用的螺钉旋具有一字槽螺钉旋具和十字槽螺钉旋具，常用工具图示与功能见表 7.1。

表 7.1　　　　　　　　　　　　　　　常用工具图示与功能

序号	名称	图　示	功　能
1	活动扳手	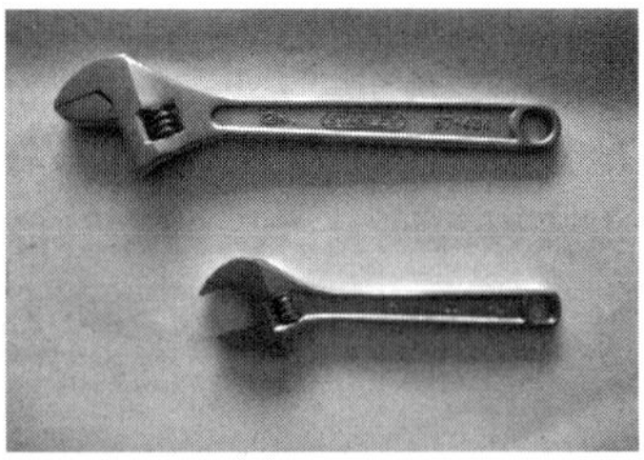 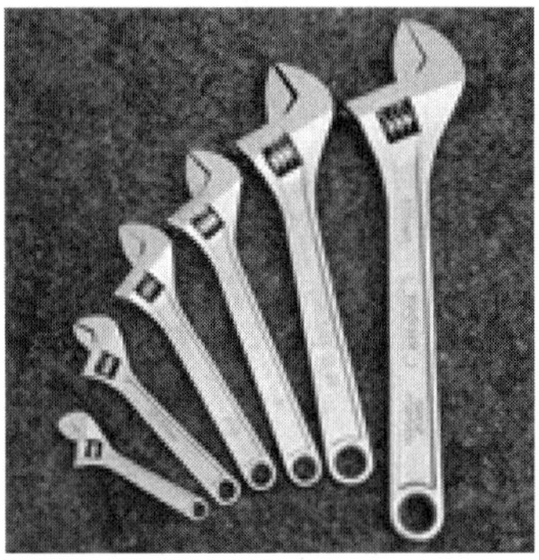	开口宽度可以调节，能紧固或松开一定尺寸范围内的六角头或方头螺栓、螺钉和螺母
2	呆扳手	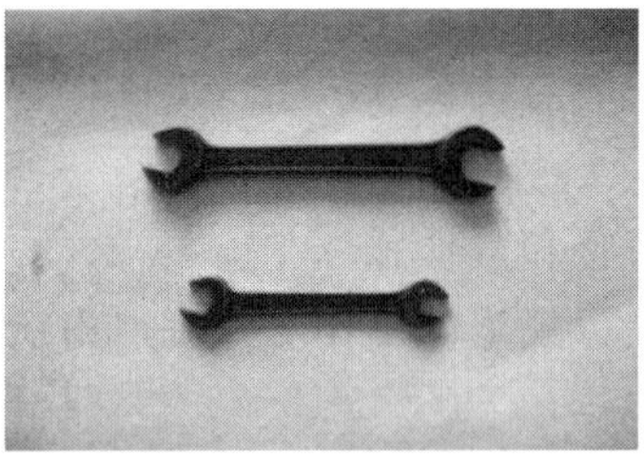 	双头呆扳手用于紧固、拆卸两种尺寸的六角头、方头螺栓和螺母

序号	名称	图　示	功　能
3	梅花扳手		用于拧紧和松开两种尺寸的六角头螺栓、螺母，扳手可以从多种角度套入六角头，特别适于工作空间狭小、位于凹处的场合
4	内六角扳手		供紧固或拆卸内六角螺钉用
5	扭力扳手		与套筒扳手的套筒头相配，紧固六角头螺栓、螺母，用于对拧紧扭矩有明确规定的场合

序号	名称	图　示	功　　能
5	扭力扳手		与套筒扳手的套筒头相配，紧固六角头螺栓、螺母，用于对拧紧扭矩有明确规定的场合
6	手动套筒扳手		除具有一般扳手功能外，特别适用旋转空间狭窄或深凹的地方
7	钩形扳手		专用于扳动在圆周方向上开有直槽或孔的圆螺母

序号	名称	图　示	功　能
8	一字槽螺钉旋具		用于紧固或拆卸一字槽形的螺钉
9	十字槽螺钉旋具		用来紧固或拆卸十字槽形的螺钉和旋杆
10	钢丝钳和尖嘴钳		用于夹持或弯折薄形片及金属丝材；在较窄小的工作空间夹持工件，用于夹持小零件和扭转细金属丝
11	锤子		用于一般锤击，也可平整部件或零件用

序号	名称	图　示	功　能
12	铜棒和铝棒		铜棒主要用于敲击机床部件，铜棒较软，不会损坏零件；铝棒比铜棒轻，敲起来力量小
13	液压千斤顶		利用油液的静压力来顶举重物，是数控机床安装常用的一种起重或顶压的手工工具，其行程有限
14	油壶和油枪		具有操作简单、携带方便、使用范围广的优点
15	撬棍		是调整机床水平的辅助工具，本撬棍是搭配组合爪式起重装置
16	拔销器		专门用来拔掉定位销的设施

序号	名称	图　示	功　能
17	拉马	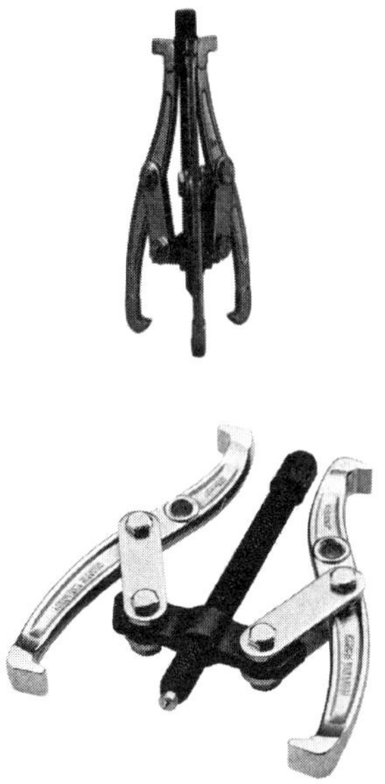	拆卸各种机械设备中的皮带轮、齿轮、轴承等圆状工件
18	弹性挡圈装拆用钳子		分为轴用弹性挡圈装拆用钳子和孔用弹性挡圈装拆用钳子

7.1.2　量具、检具和工装

1. 常用量具

检验数控机床几何精度的指示器有百分表、千分表和杠杆表。常用量具的图示与功能见表 7.2。

表 7.2　　　　　　　　　　　　常用量具的图示与功能

序号	名称	图　　示	功　　能
1	机械式百分表	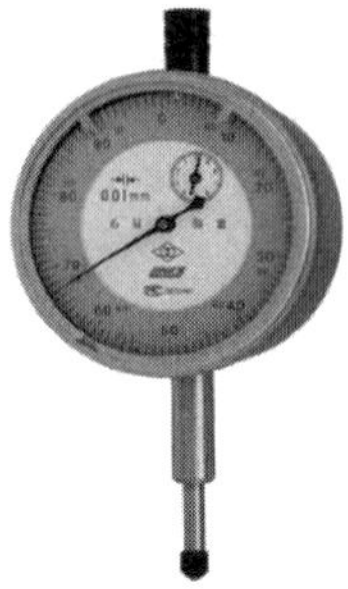  	主要用于直接或比较测量工件的长度尺寸、几何形状偏差，也用于检验机床几何精度或调整加工工件装夹位置偏差
2	数显电子百分表		高清晰度显示，任意位置测量、米制和英制单位转换、任意位置清零，具有精度高、读数直观和可靠等特点

序号	名称	图示	功能
3	千分表	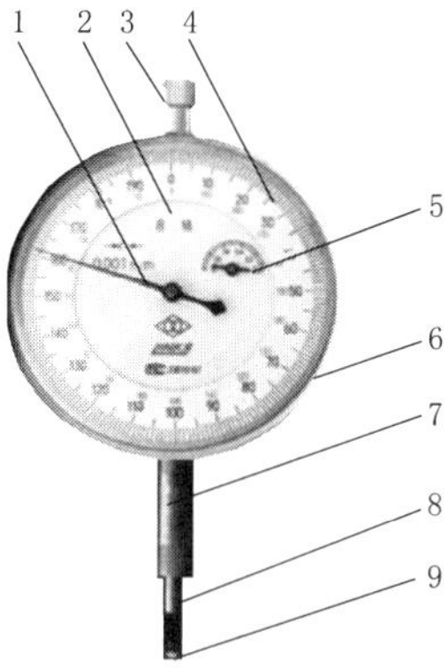	千分表组成部件有：主指针 1、转数指示盘 2、防尘帽 3、表盘 4、转数指针 5、表圈 6、套筒 7、量杆 8、测头 9
4	数显电子千分表		以数字方式显示的千分表，可以任意位置设置、起始值设置可满足特殊要求、公差值设置可进行公差判断、公英制转换
5	机械式杠杆表		用于测量百分表难以测量的小孔、凹槽、孔距和坐标尺寸等。杠杆百分表是一种借助于杠杆-齿轮或杠杆-螺旋传动机构，将测杆摆动变为指针回转运动的指示式量具，测量范围一般为 0~0.8mm
6	数显电子杠杆表		模拟及数字双重显示，数字分辨率为 0.01mm/0.001mm，可选标尺分度值为 0、20μm、50μm 或 1μm、2μm、5μm，公英制制式转换，标称、最小、最大、最大-最小的模式显示和存储，自动关闭电源

序号	名称	图　示	功　能
7	平头测量头	 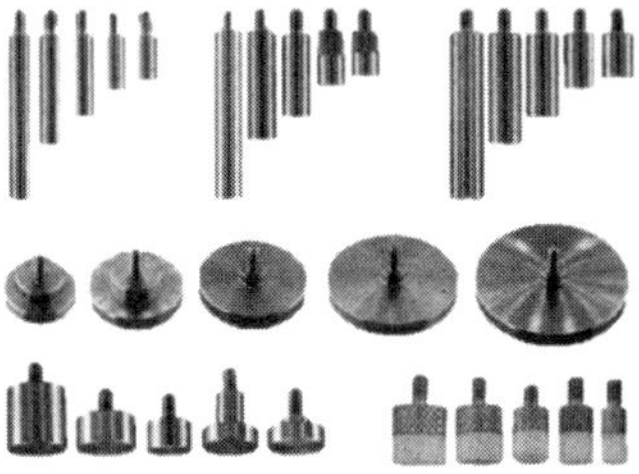	安装在百分表或者千分表测量头上,方便找到主轴检验棒的测量位置
8	平头千分表		用于检验数控机床主轴径向跳动
9	平头数显百分表		用于检验数控机床主轴径向跳动

2. 常用检具

检验数控机床几何精度的常用检具有平尺、方尺、角尺、等高块、方筒、检验棒、自准直仪,水平仪等,还有检验零件几何精度的刀口角尺等,以及检验数控机床性能的点温计等。常用检具的图示与功能如表 7.3 所示。

表 7.3   常用检具的图示与功能

序号	名称	图 示	功 能
1	平尺		检验直线度或平面度用作基准的量尺
2	矩形角尺（铸铁和花岗石）	 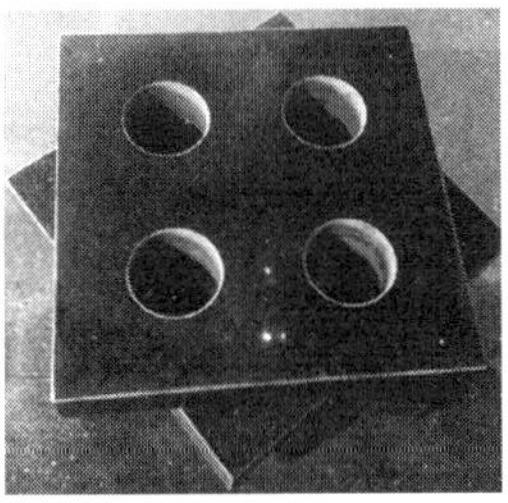	具有垂直平行的框式组合，检验两个坐标轴线的垂直度误差
3	三角形角尺	 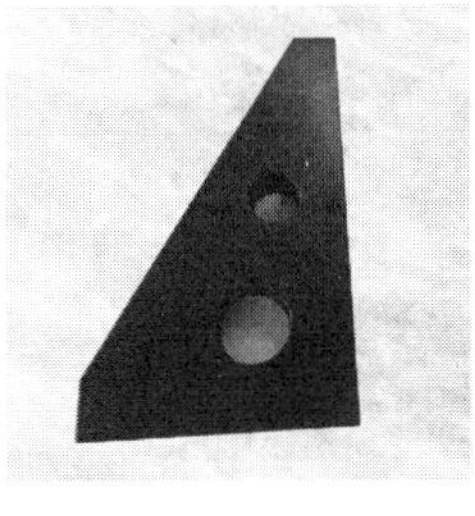	与平尺和等高块共同检验坐标轴垂直度误差

序号	名称	图　示	功　能
4	柱形角尺		圆柱角尺是检测垂直度的专用检具，常用规格：80mm×400mm 和 100mm×500mm
5	等高块		等高块是六个工作面的正方体或长方体，通常三块为一组，对面工作面互相平行，相邻工作面互相垂直，用于机床调整水平
6	可调等高块		用于检验加工中心直线度误差或者平面度误差等
7	方筒		检验坐标轴线的直线度或者垂直度误差
8	铣床或加工中心主轴用检验棒（带拉钉）		检验数控铣床或加工中心主轴径向跳动、主轴轴线与 Z 轴轴线的平行度误差等
9	磁性钢球（中心处）		装入主轴短检验棒的中心孔中，检验主轴轴向窜动

序号	名称	图　示	功　能
10	水平仪 （框式、条状）		检验数控机床水平、加工中心工作台面的平面度误差
11	刀口尺		主要用于以光隙法进行直线度测量和平面度测量，也可与量块一起
12	刀口角尺		刀口角尺是精确检验工件垂直度误差的一种测量工具，也可以对工件进行垂直画线
13	量块		量块是由两个相互平行的测量面之间的距离来确定其工作长度的高精度量具，其长度为计量器具的长度标准

任务7.2　典型数控机床主传动系统的安装与调试

数控机床作为现代制造业的重要设备，其主传动系统的安装与调试是确保机床正常运行和加工精度的关键步骤。CK6136S经济型卧式数控车床作为典型代表，具有高精度、高效率、高刚性和抗震性等特点，广泛应用于各类机械加工行业。

CK6136S 数控车床的主传动系统是其核心部件之一，主要负责驱动主轴旋转，实现工件的切削加工。该系统通常采用高性能的交、直流伺服电动机驱动，通过变速箱变速传到主轴箱，通过变频器达到无级调速，使主轴既具有适宜大余量切削的低速功能，又具有适宜高精密切削的高速功能。

主轴电机（spindle drive motor），也称为主轴驱动电机，通过高速旋转带动刀具，实现对工件的钻孔、攻丝等多种加工操作。它是数控机床的核心部件之一，对于提高加工效率和精度具有重要意义。图 7.1 为电动机与主轴的装配。

7.2.1　主轴结构分析

主轴组件作为数控机床的核心构成部分，其性能直接关乎机床的加工精确度。在外力作用下，主轴组件易产生显著形变，这不仅可能诱发振动，还会削弱加工精度及成品表面质量。为确保数控机床主轴系统具备高刚度、低振动、微形变及低噪声等优良动态特性，以及出色的抗受迫振动能力，在选取主轴时，必须审慎考虑其形变因素。

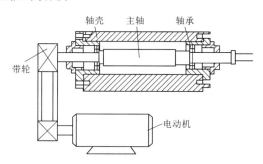

图 7.1　电动机与主轴的装配

主轴组件是驱动机床实现旋转运动的关键部件，扮演着至关重要的角色。它主要由主轴、主轴支撑结构，以及安装于主轴之上的传动元件、密封元件等组合而成。对于铣床而言，主轴组件还额外包含拉杆与拉爪等部件，如图 7.2 所示。

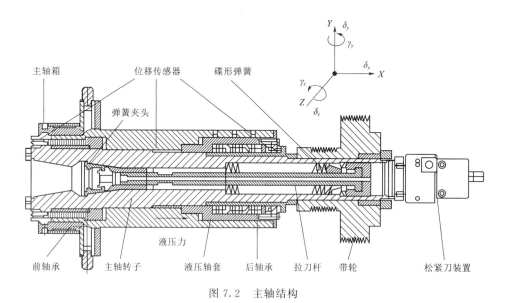

图 7.2　主轴结构

7.2.2　数控车床主传动系统的安装

1. 机床基础准备

在机床到达用户现场之前，用户应根据机床厂提供的机床基础图做好机床的基础工作。这包括在要安装地脚螺栓的部位做好预留孔，并确保基础的平整度和稳定性。

2. 机床部件组装

机床拆箱后，应首先检查各部件是否齐全，并按照机床说明书将各大部件分别在地基上就位。就位时，应确保垫铁、调整垫板和地脚螺栓等也相应对号入座。然后，去除安装连接面、导轨和各运动面的防锈涂料，做好各部件的外表清洁工作。

接下来，将机床各部件组装成整机。这包括将立柱、数控柜、电气箱装在床身上，刀库、机械手等装在立柱上（按相关说明书的装配图安装），并在床身上安装上接长床身等。组装时要使用原来的定位销、定位块、定位元件，使安装位置恢复到机床拆卸前的状态。

3. 电缆、油管和气管的连接

根据机床说明书中的电气连接图、液压及气动管路连接图，进行电缆、油管和气管的连接。连接时要特别注意清洁工作和可靠的接触与密封，并要随时检查有无松动与损坏。电缆插上后，一定要拧紧固紧螺钉，保证接触可靠。在油管与气管的连接中要特别防止异物从接口进入管路，造成整个液压系统故障。

4. 数控系统的安装

数控系统的安装包括数控柜的安装、电气连接以及接地处理等。数控柜应安装在干燥、通风、无腐蚀性气体的地方，并确保其稳固性。电气连接应按照电气连接图进行，确保各接插件连接正确、接触良好。接地处理应采用一点接地型，即辐射式接地法，以防止窜扰。

7.2.3 数控车床主传动系统的调试

1. 数控系统参数设定

在数控系统安装完成后，需要进行参数设定。这包括系统参数（如 PC 参数）的设定，以及速度控制单元、主轴控制单元等印刷电路板上的设定。设定时应根据机床的实际需求和随机附带的参数表进行，确保机床具有最佳的工作性能。

2. 机床精度检验

机床精度检验是确保机床加工精度的重要环节。这包括几何精度检验和位置精度检验。几何精度检验主要检查机床各部件的形位公差和尺寸精度，如导轨的平行度、垂直度等。位置精度检验主要检查机床各运动部件的相对位置精度，如主轴的回转精度、刀架的移动精度等。检验时应使用高精度的测量工具，如千分尺、游标卡尺、百分表等。

3. 机床空运转试验

机床空运转试验是检查机床各部件运转是否正常、有无异常声响和振动的重要环节。在试验过程中，应观察机床各部件的运转情况，如主轴的旋转情况、刀架的移动情况、润滑系统的供油情况等。同时，应记录机床的运转参数，如主轴转速、进给速度等，以便后续分析和调整。

4. 机床负荷试验

机床负荷试验是检查机床在加工过程中的稳定性和可靠性的重要环节。在试验过程中，应选择具有代表性的工件进行加工，并逐渐增加切削深度和进给速度，观察机床的加工精度和稳定性。同时，应检查机床各部件的温升情况，确保机床在长时间运转过程中不会出现过热现象。

5. 机床误差补偿

机床误差补偿是提高机床加工精度的重要手段。通过检测机床的误差情况，并使用数控机床的误差补偿软件进行调整，可以显著改善机床的位置精度和加工精度。误差补偿包括几何误差补偿、热误差补偿等多种类型，应根据机床的实际情况选择合适的补偿方法。

7.2.4 注意事项与常见故障排除

1. 注意事项

（1）在安装与调试过程中应严格遵守机床说明书和相关操作规程，以确保所有步骤的正确性和安全性。

（2）在连接电缆、油管和气管时，要确保连接部位的清洁，避免灰尘和杂质进入，影响连接质量。

（3）在机床调试阶段，应逐渐增加工作负荷和切削深度，避免一开始就施加过大的负荷，这样可以防止机床因超负荷而损坏。

（4）应定期对机床进行维护和保养，检查各部件的磨损和松动情况，及时更换损坏的部件。

2. 常见故障排除

（1）主轴不转或转速异常：检查主轴电机是否正常工作，检查传动系统是否有故障或松动现象，检查变频器参数是否设置正确。

（2）刀架移动不平稳或定位不准确：检查刀架导轨是否清洁、润滑良好，检查刀架定位装置是否损坏或松动，检查数控系统参数是否设置正确。

（3）机床振动或噪声过大：检查机床各部件是否紧固良好，检查导轨是否磨损或损坏，检查润滑系统是否正常工作。

（4）加工精度不达标：检查机床精度是否合格，检查刀具是否磨损或损坏，检查数控系统参数是否设置正确，检查机床误差补偿是否有效。

任务 7.3 主轴功能调试

在车削加工过程中，运动被分为如下两大类。

（1）主运动，是切削加工中最核心的运动形式，它负责将切屑从工件上切除。在所有的切削运动中，主运动的速度最快，同时消耗的功率也是最大的。以车削为例，工件在主轴的带动下旋转，这种旋转运动就是典型的主运动。

（2）进给运动，由机床或人工提供，它的作用是使刀具与工件之间产生额外的相对运动。这种运动可以是一个或多个，如在车削过程中，车刀可能沿着工件的轴向（纵向）或径向（横向）进行移动，这些都属于进给运动。当进给运动与主运动相结合时，就能不断地或连续地从工件上切除切屑，并最终获得具有所需几何形状的加工表面。

需要特别注意的是，在任何切削加工中，主运动都是唯一的，而进给运动则可能有一个或多个。因此，在进行主轴功能调试时，我们需要确保主运动的稳定性和准确性，同时也要关注进给运动的协调性和灵活性，以确保整个切削过程的顺利进行。

7.3.1 主轴的旋转运动

由于数控车床上加工的工件是安装在主轴上的三爪卡盘中，工件的旋转运动和主轴的旋转运动是一致的，所以工件随主轴旋转做主运动，主轴回转运动也称主运动。

7.3.2 主轴功能调试前的准备工作

（1）熟悉机床结构：在调试前，应充分了解 CK6136S 数控车床的结构特点和工作原理，特别是主轴部分的结构和传动方式。

（2）检查机床状态：确保机床各部分连接紧固，润滑系统正常，电气系统无故障，并检查主轴箱内的油位和油质是否符合要求。

（3）准备调试工具：准备好必要的调试工具，如百分表、千分尺、转速表、振动仪等。

7.3.3 主轴功能调试步骤

1. 主轴低速运转调试

（1）启动主轴：在手动模式下，启动主轴，使其以低速运转。

（2）观察运转情况：观察主轴的运转是否平稳，有无异常振动和噪声。

（3）测量振动和噪声：使用振动仪和噪声计测量主轴的振动和噪声水平，确保其在允许范围内。

2. 主轴中速运转调试

（1）调整转速：将主轴转速调整至中速范围。

（2）观察运转稳定性：观察主轴的运转是否稳定，有无明显的跳动和晃动。

（3）检查轴承温度：使用测温仪检查主轴轴承的温度，确保其在正常范围内。

3. 主轴高速运转调试

（1）提升转速：将主轴转速提升至高速范围。

（2）验证转速准确性：使用转速表测量主轴的实际转速，与设定值进行比较，验证转速的准确性。

（3）观察润滑情况：观察主轴的润滑情况，确保润滑油充分润滑轴承，减少摩擦和磨损。

4. 主轴变速和换向调试

（1）变速试验：在手动模式下，进行主轴的变速试验，观察变速过程是否平稳，有无冲击和异响。

（2）换向试验：进行主轴的正反转试验，验证换向功能的可靠性和准确性。

5. 主轴制动调试

（1）启动制动功能：在主轴高速运转时，启动制动功能。

（2）观察制动效果：观察主轴的制动过程是否平稳，有无明显的振动和噪声。

（3）测量制动时间：使用计时器测量主轴从高速运转到完全停止所需的时间，确保其在允许范围内。

7.3.4 主轴功能调试中的常见问题及解决方法

1. 主轴振动过大

（1）原因：可能是由于轴承磨损、主轴弯曲或传动部件松动等原因引起。

（2）解决方法：检查并更换磨损的轴承，校正主轴或更换损坏的传动部件。

2．主轴噪声过大

（1）原因：可能是由于润滑不良、轴承损坏或传动部件松动等原因引起。

（2）解决方法：加强润滑，更换损坏的轴承或紧固松动的传动部件。

3．主轴转速不准确

（1）原因：可能是由于编码器故障、控制系统故障或传动部件磨损等原因引起。

（2）解决方法：检查并更换故障的编码器或控制系统部件，或更换磨损的传动部件。

4．主轴制动不良

（1）原因：可能是由于制动器损坏、制动片磨损或制动电路故障等原因引起。

（2）解决方法：检查并更换损坏的制动器或制动片，或修复故障的制动电路。

任务 7.4　典型数控机床进给系统的安装与调试

数控车床，尽管种类繁多，但基本构造大同小异，主要由车床主体、数控系统及伺服驱动三大部分构成。其中，数控系统与伺服驱动是数控车床区别于传统车床的关键所在。相较于传统车床，数控车床的车床主体在传动链设计上进行了大幅简化，取消了挂轮箱、进给箱、溜板箱以及复杂的传动机构，仅保留了纵向和横向进给的螺旋传动装置。

数控车床进给传动装置的精度、响应速度及稳定性，对于工件的加工精度具有至关重要的影响。因此，在装配与调试过程中，必须严格遵循以下步骤。

7.4.1　滑板安装与调试

在数控车床中，进给系统采用伺服电机作为动力源，通过滚珠丝杠副的精密传动，驱动刀架进行精确移动。例如，在数控车床的横向进给（即 X 轴方向）中，一只伺服电机通过同步齿形带与滚珠丝杠副相连，从而带动横向滑板实现精准的横向移动，如图 7.3 所示。这一机制与传统车床截然不同，传统车床则是通过手动摇动手轮，经由传动机构驱动滑板移动，其动力源与结构都相对简单。

图 7.3　滑板部件

1．准备阶段

（1）准备工量具。

1）工具：内六角扳手一套、三爪拉马一副、铜棒、螺丝刀等。

2）量具：杠杆百分表及表座、游标卡尺。

（2）清洗部件。清洗所有待安装的部件，包括滑板、伺服电机、轴承座、滚珠丝杠副等，确保无油污、灰尘和杂质。

2．安装步骤

（1）安装滚珠丝杠副部件：将清洗干净的滚珠丝杠部件按照拆卸时的相反顺序安装回机床。注意调整滚珠丝杠副的预紧力，确保运行平稳、无卡滞现象。

（2）安装轴承座及轴承：使用铜棒轻敲轴承座，将其安装到机床上的预定位置。安装轴承端盖，并使用内六角扳手紧固螺钉。检查轴承座和轴承的安装精度，确保符合要求。

（3）安装止推螺母及同步带轮：将止推螺母安装到滚珠丝杠上，并使用内六角扳手紧固螺钉。安装同步带轮和平键，确保与滚珠丝杠的配合良好。

（4）安装滑板及锲块：将清洗干净的滑板安装回机床，注意调整滑板与溜板之间的间隙。安装塞铁，并使用一字螺丝刀轻轻调整滑板的位置，确保滑板平稳移动。使用十字螺丝刀紧固塞铁螺钉和滑板上的螺钉。

（5）安装同步带箱及伺服电机：将同步带箱安装回机床，并使用内六角扳手紧固螺钉。安装伺服电机，并使用内六角扳手紧固电机的螺钉。调整同步带的松紧度，确保电机带动滚珠丝杠平稳转动。

（6）安装刀架：将电动刀架安装回滑板上，确保刀架平稳转动。使用内六角扳手紧固刀架上的螺钉。

（7）调整与检测：调整滚珠丝杠副的运行参数，如速度、加速度等，并进行参数检测。使用杠杆百分表等工具检测滑板的几何精度和运动精度，确保符合要求。调整塞铁的运行情况，并进行参数检测。

3. 滑板的调试

（1）导轨配合调试：滑板安装好后，需要检查滑板与导轨的配合情况。

1）在滑板与导轨之间涂抹适量的润滑油，然后手动推动滑板，检查滑板在导轨上的运动是否顺畅。如果感觉有卡顿现象，需要检查导轨表面是否平整，滑板与导轨之间的间隙是否合适。

2）对于间隙的调整，可以通过调整导轨上的镶条来实现。如果间隙过大，会影响加工精度；如果间隙过小，则可能导致滑板与导轨之间摩擦力过大，甚至出现"卡死"现象。

（2）运动精度调试：使用专业的测量仪器，如激光干涉仪来测量滑板的运动精度。主要测量滑板在 X、Y、Z 轴方向上的直线度、平面度等精度指标。根据测量结果，对滑板的安装位置或导轨的调整装置进行微调，使滑板的运动精度达到机床的设计要求。例如，如果在 X 轴方向直线度误差较大，可以通过调整滑板一侧的支撑螺栓来修正。

7.4.2 溜板安装与调试

数控车床纵向（Z）进给采用滚珠丝杠传动，由一只伺服电机驱动，通过弹性联轴器与滚珠丝杠相连，然后带动溜板做纵向移动，与 X 轴进给传动结构相似（图 7.4）。

1. 传动结构

数控车床纵向传动形式：进给电机—联轴器—滚珠丝杠副＋溜板。

伺服电机安装在左侧，电机轴与滚珠丝杠用联轴器连接，丝杠螺母与溜板箱紧固连接，床鞍的纵向移动由丝杠转动带动螺母与溜板箱移动来实现。丝杠的左端支承在两个角接触球轴承上，采用背对背安装，以承受径向力和主要向右的轴向力。丝杠后端支承在双列向心（或深沟）球轴承上，后端轴向有一定的伸缩空间，可以补偿由

图 7.4 溜板部件

于温度变化引起的丝杠伸缩变形（图7.5）。

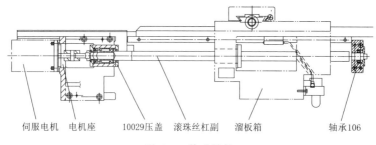

伺服电机　电机座　10029压盖　滚珠丝杠副　溜板箱　　　轴承106

图7.5　传动结构

2．准备阶段

（1）准备工量具。

1）工具：内六角扳手一套、拔销器一套、三爪拉马一副、弹簧外卡钳、钢珠等。

2）量具：杠杆百分表及表座、游标卡尺。

（2）清洗部件。清洗所有待安装的部件，包括溜板箱、伺服电机、轴承座、滚珠丝杠副等，确保无油污、灰尘和杂质。

3．安装步骤

（1）安装电机座及轴承座：将清洗干净的电机座和轴承座按照图纸要求放置在溜板箱上。使用内六角扳手安装电机座螺钉，确保电机座固定牢固。使用拔销器安装电机座上的圆锥定位销，确保定位准确。

（2）安装轴承及轴承端盖：将清洗干净的轴承安装到轴承座上，注意轴承的安装方向和配合间隙。安装轴承端盖，并使用内六角扳手紧固端盖螺钉。

（3）安装滚珠丝杠副部件：将清洗干净的滚珠丝杠副部件放置在溜板上，确保丝杠与螺母配合良好。使用内六角扳手安装溜板上的内六角螺钉和圆锥定位销，确保滚珠丝杠副部件固定牢固。

（4）连接电机与滚珠丝杠：将伺服电机安装到电机座上，确保电机轴与滚珠丝杠的联轴器配合良好。使用内六角扳手安装弹性联轴器上的内六角螺钉，确保联轴器连接紧密。

（5）安装止退螺母：将止退螺母安装到滚珠丝杠上，并使用内六角扳手紧固止退螺母的内六角螺钉。

（6）安装右边轴承座：将清洗干净的右边轴承座安装到溜板箱上，确保轴承座与溜板箱配合良好。使用内六角扳手安装轴承座安装螺钉，并安装外卡簧和圆锥定位销。

（7）检查与调整：使用杠杆百分表和游标卡尺检查各部件的安装精度和配合间隙。根据检查结果，调整各部件的位置和紧固程度，确保安装精度符合要求。

（8）润滑与冷却：检查润滑系统是否工作正常，确保各部件得到充分润滑。对于需要冷却的部件，检查冷却系统是否工作正常，确保温度控制在合理范围内。

4．溜板的调试

（1）传动调试：对溜板的传动系统进行调试。

1）启动伺服电机，使溜板进行慢速运动，检查丝杠螺母副的传动是否平稳，有无异常声音。如果有异常声音，可能是丝杠与螺母之间的配合存在问题，如滚珠丝杠的滚珠可能有破损或者丝杠与螺母之间的润滑不足。

2）检查溜板在不同速度下的运动情况，包括加速、减速过程是否平稳。在高速运动时，要确保溜板不会出现振动现象，这可能需要对溜板的动态平衡进行调整，如通过在溜板上添加配重块来改善其动态性能。

（2）精度调试：使用量具对溜板的运动精度进行检测。测量溜板在进给方向上的定位精度和重复定位精度。定位精度反映了溜板运动到指定位置的准确性，而重复定位精度则表示溜板多次运动到同一位置的偏差。根据测量结果对溜板的传动部件和安装位置进行调整，如调整丝杠的轴向间隙、修正溜板与导轨的平行度等，以提高溜板的运动精度。

7.4.3 尾座安装与调试

尾座是车床不可或缺的关键组件，主要用于支撑轴类零件的车削加工及钻孔作业（图7.6）。在轴类零件的加工过程中，尾座通过其顶尖紧密固定工件，从而确保加工过程的稳定性。尾座的运动特性包括尾座体本身的移动以及尾座套筒的移动，其中尾座套筒的移动主要依赖于螺旋结构。

车床尾座的功能十分强大。它可以沿着导轨进行纵向移动，以便调整其位置。尾座内部配备一根心轴，该心轴由手柄驱动并沿主轴轴线方向移动。在心轴的锥孔中插入顶尖后，即可支撑较长工件的一端。此外，尾座还可以更换为钻头、铰刀等刀具，以实现孔的钻削和铰削加工。

无论是数控车床还是普通车床，其尾座的结构都大致相同。尾座主要由四个独立的部分组成：首先是尾座套筒锁紧装置，用于固定尾座套筒；其次是尾座套筒及其驱动机构，负责尾座套筒的移动；再次是尾座紧固机构，用于将尾座固定在车床上；最后是尾座基体零件，它是尾座的基础结构部分。这四个部分各自独立，共同构成了尾座的整体功能。

图7.6 尾座部件

1. 准备阶段

（1）准备工量具。

1）工具：内六角扳手一套、三爪拉马一副、铜棒、螺丝刀等。

2）量具：杠杆百分表及表座、游标卡尺。

（2）清洗部件。清洗所有待安装的部件，包括滑动套筒、后轴承端盖、半圆键、手轮等，确保无油污、灰尘和杂质。

2. 安装步骤

（1）安装滑动套筒：将滑动套筒小心地安装到尾座体内。确保套筒与尾座体的配合良好，能够顺畅地滑动。如果遇到阻力，应检查并修整相关部件，以确保配合的准确性。

（2）安装后轴承端盖：紧固螺丝以确保其固定在尾座体上。注意检查端盖与尾座体之间的密封性，防止润滑油泄漏。

（3）安装半圆键和手轮：将半圆键安装到手轮的轴上，并确保其固定。然后，将手轮安装到尾座体的相应位置上，并紧固反牙螺帽以防止手轮松动。

（4）安装滑动套筒锁定装置和定位块：安装滑动套筒的锁定装置和定位块，以确保套筒在需要时能够牢固地锁定在所需位置。这些装置的安装应准确且牢固，以防止在使用过程中出现松动或失效。

（5）注入润滑油：在所有运动部件上注入适量的润滑油，以确保它们顺畅地运动。这有助于减少摩擦和磨损，并延长尾座的使用寿命。

（6）进行精度检测和调整：在尾座体安装完毕后，使用合适的量具进行精度检测。如果发现精度不符合要求，应进行必要的调整。这包括调整尾座体的位置、滑动套筒的紧密度等，以确保尾座满足加工要求。

（7）完成安装并检查：检查尾座体的所有部件是否都已正确安装并紧固。确保尾座平稳地移动并固定在所需位置上。然后，进行试运行以检查尾座的工作状态是否正常。

3. 尾座的调适

（1）手动调试：手动操作尾座套筒的伸缩，检查套筒的运动是否顺畅、有无卡滞现象。如果存在卡滞，需要检查套筒与尾座体之间的配合是否正确、是否有异物进入等问题。

（2）定位精度调试：使用测量工具（如百分表）对尾座顶尖的定位精度进行检测，当尾座在导轨上移动到不同位置时，检查顶尖的轴向和径向跳动情况。如果定位精度不满足要求，需要对尾座导轨的安装精度进行调整，或者对尾座体与套筒之间的配合进行修正。

（3）与主轴的同轴度调试：在机床主轴上安装一个测试棒，将尾座顶尖顶紧测试棒，使用百分表测量测试棒在不同位置的跳动情况，以检测尾座顶尖与主轴的同轴度。如果同轴度不满足要求，可以通过调整尾座在导轨上的位置或者调整尾座体的安装角度来进行修正。

任务 7.5　进给系统的功能调试

数控机床的进给系统对于机床的加工精度、效率等有着至关重要的影响。对于CK6136S 型号的数控机床，其进给系统的功能调试是确保机床正常运行的关键环节。

7.5.1　数控机床进给系统概述

1. 结构组成

CK6136S 的进给系统主要由进给电机、滚珠丝杠副、导轨、联轴器等部件组成。进给电机提供动力，滚珠丝杠副将电机的旋转运动转化为直线运动，导轨保证运动部件的导向精度，联轴器连接电机和丝杠，确保动力的有效传递。

根据相关研究，滚珠丝杠副的精度等级和预紧力对进给系统的定位精度有着直接的影响。例如，高精度的滚珠丝杠副能够减小轴向间隙，提高定位精度。

2. 工作原理

当数控系统发出进给指令时，进给电机根据指令旋转。电机的旋转通过联轴器带动滚珠丝杠副转动，滚珠丝杠副的螺母沿着丝杠做直线运动，从而带动刀具或工作台实现进给运动。

同时，导轨对运动部件进行精确的导向，保证进给方向的准确性。在这个过程中，数控系统会根据位置反馈装置（如光栅尺或编码器）的信号对进给运动进行实时监控和调整。

7.5.2 进给系统功能调试前的准备工作

1. 设备检查

首先要对CK6136S机床的进给系统相关设备进行外观检查，查看各部件是否有损坏、变形等情况。例如，要检查滚珠丝杠副的丝杠和螺母表面是否有划痕，导轨表面是否光滑平整。同时，要检查电机的连接线是否连接正确、牢固，电机的绝缘性能是否良好。这可以通过使用绝缘电阻表进行测量，一般电机的绝缘电阻应大于规定值（如 0.5MΩ）。

2. 参数设置检查

进入CK6136S机床的数控系统，检查与进给系统相关的参数设置。例如，要检查进给速度的上限值、加速度值、反向间隙补偿值等参数。这些参数的初始值可能需要根据机床的实际情况和加工要求进行调整。如果参数设置不合理，可能会导致进给系统运动不稳定、定位精度差等问题。

7.5.3 进给系统的基本功能调试

1. 手动进给功能调试

在数控系统的手动操作模式下，操作各进给轴的手动进给按钮，观察各轴的运动情况。检查各轴是否能够按照操作指令平稳地进行正向和反向的进给运动。如果出现运动卡顿、异常振动等情况，需要进一步检查电机、丝杠、导轨等部件的安装是否正确，以及是否存在机械干涉等问题。

例如，若导轨安装不平行，可能会导致运动部件在手动进给过程中出现卡滞现象。

2. 自动进给功能调试

编写简单的数控加工程序，使机床在自动运行模式下进行进给运动。重点检查各轴在自动进给过程中的定位精度。可以通过测量实际加工位置与程序设定位置之间的偏差来评估定位精度。如果定位精度不满足要求，需要对进给系统进行调整，如调整滚珠丝杠副的预紧力、检查位置反馈装置的精度等。

根据行业标准，对于CK6136S机床，其定位精度一般应控制在一定范围内（如 ±0.01mm）。

7.5.4 进给系统的性能调试

1. 进给速度调试

逐渐提高各进给轴的进给速度，观察机床在不同进给速度下的运行情况。在高速进给时，要检查机床是否会出现振动加剧、加工精度下降等问题。如果出现这些问题，可能需要对机床的动态特性进行调整，如调整进给系统的阻尼系数、优化电机的控制参数等。

研究表明，适当加快进给速度可以提高加工效率，但过快的进给速度可能会超出机床的动态性能范围，导致加工质量恶化。

2. 加速度调试

调整进给系统的加速度参数，观察机床在启动和停止过程中的运动状态。合理的加速度设置可以缩短加工周期，但过大的加速度可能会导致电机过载、机械部件磨损加剧等问题。在调试过程中，要根据机床的机械结构和电机性能，找到一个合适的加速度值。

例如，对于 CK6136S 机床，其加速度值一般在一定范围内（如 $0.5\sim1\mathrm{m/s^2}$）较为合适，具体数值需要根据实际加工需求和机床的整体性能进行优化。

7.5.5　进给系统的精度调试

1. 定位精度调试

采用激光干涉仪等高精度测量设备，对 CK6136S 机床的进给系统定位精度进行精确测量。如果测量结果显示定位精度不满足要求，可以通过调整滚珠丝杠副的预紧力、补偿反向间隙、校准位置反馈装置等方法来提高定位精度。

例如，反向间隙补偿是提高定位精度的常用方法之一。通过在数控系统中设置反向间隙补偿值，可以有效地减小由于滚珠丝杠副等部件的反向间隙而导致的定位误差。

2. 重复定位精度调试

多次执行相同的进给运动指令，测量各轴的重复定位精度。重复定位精度反映了机床在多次重复加工过程中的稳定性。如果重复定位精度不达标，需要检查机床的机械结构是否稳定，如导轨的刚性是否足够，以及位置反馈装置是否可靠等。

一般来说，CK6136S 机床的重复定位精度应优于定位精度，通常要求在 $\pm0.005\mathrm{mm}$ 以内。

7.5.6　进给系统的故障诊断与排除

1. 常见故障现象

进给系统常见的故障现象包括进给轴不运动、运动速度不稳定、定位精度差等。

例如，当进给轴不运动时，可能是电机故障、传动部件卡死、数控系统指令未正确下达等原因造成的。

2. 故障诊断方法

首先采用直观检查法，查看各部件的外观、连接情况等。然后利用仪器检测法，如使用万用表检测电机的电路是否正常、使用示波器检测数控系统的信号是否正确。

还可以采用替换法，当怀疑某个部件（如电机）有故障时，用一个正常的部件替换进行测试。

3. 故障排除实例

假设 CK6136S 机床的某一进给轴运动速度不稳定。经过检查，发现电机的驱动器显示有报警代码。通过查阅驱动器的手册，确定是由于电机电流过载引起的。进一步检查发现，是因为滚珠丝杠副的摩擦力过大，导致电机负载过重。对滚珠丝杠副进行清洁和润滑后，故障得到排除。

任务 7.6　典型数控机床四工位刀架的安装与调试

数控车床可在工件一次装夹中完成多种甚至所有的加工工序，以缩短加工的辅助时间，减小加工过程中由于多次安装工件而引起的误差，从而提高机床的加工效率和加工精度。它的回车刀架是一种最简单的自动换刀装置，按数控装置的指令选刀换刀（图7.7）。

7.6.1　工作原理

四工位刀架的工作原理：按下换刀键或输入换刀指令后，电机正转，并经联轴器，由滑键带动蜗杆、涡轮、轴、轴套转动。刀架转位时发讯盘发出信号给数控装置，刀架转到位后，由电信号使电动机反转，刀架定位而不再随轴套回转，于是刀架向下移动锁紧，从而完成一次转位。实现刀架抬起、刀架转位、刀架定位和刀架锁紧的过程。

7.6.2　构成结构

四工位刀架线路组件由刀架电机和位置传感器（霍尔元件）组成（图7.8）。

（1）刀架电机：主要是动力线，由3根黑色主线和1根黄绿线组成。

（2）位置传感器（霍尔元件）：主要由2根电源线和4根刀位信号线组成。

图7.7　四工位刀架　　　　　　　　图7.8　四工位刀架结构

四工位刀架线路含义及分布如图7.9所示。

7.6.3　实施步骤

接线之前要区分好每个线的含义，避免错接。然后对应每个螺丝孔边上的标识，进行接线即可（图7.10）。

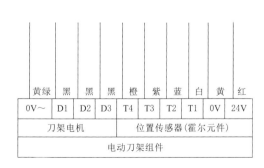

	黄绿	黑	黑	黑	橙	紫	蓝	白	黄	红
	0V～	D1	D2	D3	T4	T3	T2	T1	0V	24V
	刀架电机				位置传感器（霍尔元件）					
	电动刀架组件									

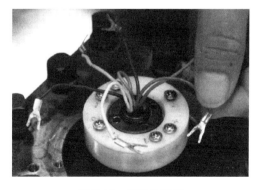

图7.9　四工位刀架线路含义及分布　　　　　图7.10　接线示意图

注意：接线时，连接头不要搭在金属位置，否则会造成短路现象。

任务 7.7   数控机床整机安装与调试

数控机床,以其高精度和自动化的特性,是现代制造业中不可或缺的设备。在数控机床投入使用之前,必须经过严格的安装、调试和验收流程,以确保机床达到设计时的性能标准。这一过程对于确保机床的稳定性和加工精度至关重要,直接影响到产品的质量和生产效率。

数控机床的安装和调试是机床投入使用前的关键步骤,目的是恢复机床出厂时的性能指标,确保机床的各项功能正常运行,并且满足客户对加工精度的特定要求。通过完成这些任务,操作人员可以掌握数控机床整机安装与调试的专业技能。

对于 CK6136S 这类精密、高刚性、适用于大批量生产的数控车床,其安装过程需要格外细致和严格(图 7.11)。这类机床的安装不仅要求操作人员具备专业的技术知识,还需要他们遵循精确的操作流程,以确保机床的长期稳定性和高效运行。

7.7.1   机床运输与存放

在运输机床时,必须确保其被牢固地绑扎,以最大限度地减少剧烈的撞击和颠簸。此外,机床应当被存放在一个干燥且通风良好的地方。

7.7.2   安装前的准备工作

数控机床安装前的准备流程如图 7.12 所示。

图 7.11   CK6136S 机床

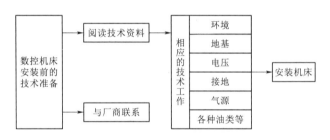

图 7.12   数控机床安装前的准备流程

1. 工具、材料准备

数控机床安装需要的工具和材料清单见表 7.4。

表 7.4   数控机床安装需要的工具和材料清单

类型	名称	规格	单位	数量
工具	精密水平仪	0.02/1000mm	块	2
	起吊机	10T	台	1
	钢丝绳、枕木、撬棍	根据实际情况选用		若干
	防震垫铁	根据实际情况选用	组	16
	螺丝刀	一字	套	1
	螺丝刀	十字	套	1
	内六角扳手	2~19mm(14pcs)	套	1
	杠杆式千分表	0~0.6mm(0.002mm)	个	1

类型	名称	规格	单位	数量
材料	除油剂	TA－39	瓶	1
	润滑油	20 号、35 号	L	20

2. 环境要求

（1）机床方面的环境要求。

1）温度要求：数控机床对温度较为敏感。一般来说，CK6136S 数控机床的工作环境温度应保持在相对稳定的范围内。理想的工作温度通常为 5～40℃（操作状态下）。温度过高可能会导致机床部件的热膨胀，影响机床的精度。例如，当温度过高时，机床的床身、主轴等部件会发生膨胀，使得加工尺寸出现偏差。而温度过低则可能影响机床的润滑效果和电气系统的性能。在寒冷的环境下，润滑油的黏度会增加，流动性变差，不利于机床的正常运转。

2）湿度要求：湿度也是影响数控机床正常运行的重要环境因素。CK6136S 数控机床适宜的相对湿度范围一般为 40％～70％。湿度过高容易引起机床部件生锈，特别是一些精密的导轨、丝杠等部件。当湿度达到一定程度时，金属表面会形成水汽凝结，加速金属的腐蚀过程。同时，高湿度环境还可能对电气系统造成损害，如引起短路等故障。而湿度过低则容易产生静电，静电可能会干扰机床的电子元件，影响其正常工作。

3）清洁度要求：机床的工作环境应保持清洁。在安装 CK6136S 数控机床之前，需要确保安装场地没有过多的灰尘、碎屑等杂质。灰尘和碎屑可能会进入机床的导轨、丝杠等运动部件之间，增加磨损，降低机床的精度和缩短使用寿命。例如，微小的灰尘颗粒可能会嵌入导轨的贴塑层与滑块之间，划伤贴塑层，影响导轨的顺滑性。此外，灰尘还可能进入电气控制柜，影响电气元件的散热和正常运行。

（2）CNC 方面的环境要求。

1）电磁兼容性要求：CNC 系统包含大量的电子元件，对电磁环境要求较高。在 CK6136S 数控机床安装前，要确保安装环境没有强电磁干扰源。例如，应避免将机床安装在大型电机、变压器等设备附近，因为这些设备在工作时会产生强磁场，可能会干扰 CNC 系统的信号传输。电磁干扰可能会导致 CNC 系统出现数据传输错误、程序运行异常等问题，从而影响机床的加工精度和稳定性。

2）防震要求：CNC 系统中的电子元件较为精密，对震动较为敏感。安装 CK6136S 数控机床时，应选择震动较小的场地。如果安装场地附近有冲床、锻压机等产生强烈震动的设备，应采取有效的防震措施。震动可能会使 CNC 系统中的电路板上的焊点松动、元件损坏，或者导致硬盘等存储设备出现读写错误，进而影响机床的正常运行。

3. 地基要求

（1）地基的承载能力：CK6136S 数控机床自身较重，对地基的承载能力有一定要求。一般来说，地基应能够承受机床的重量以及在加工过程中产生的动态载荷。在安装前，需要对安装场地的地基进行评估。如果地基的承载能力不足，机床在运行过程中可能会出现下沉、倾斜等现象，这会严重影响机床的加工精度。例如，机床床身如果发生倾斜，会导致工件的加工平面度超差。

（2）地基的平整度：地基的平整度对于机床的安装至关重要。CK6136S 数控机床要求地基表面的平整度误差在一定范围内，通常为±0.1～±0.2mm/m。如果地基不平，在安装机床时很难将机床调整到水平状态，这会影响机床的几何精度。例如，床身的导轨如果不在同一水平面上，会导致滑板运动不顺畅，影响加工精度。

（3）地基的隔振处理：为了减小外界震动对机床的影响，在地基设计时需要进行隔振处理，可以采用隔振垫或隔振沟等方式。隔振垫一般由橡胶、弹簧等弹性材料制成，放置在机床底座与地基之间。隔振沟则是在机床地基周围挖掘一定深度和宽度的沟，沟内填充隔振材料，如沙子等。这样可以有效地隔离外界震动，提高机床的加工稳定性。

4. 电压要求

（1）电压的稳定性：CK6136S 数控机床对电压的稳定性要求较高。一般要求电压波动范围在额定电压的±10%以内。例如，如果机床的额定电压为 380V，那么实际电压应在 342～418V 之间。电压波动过大会影响机床的电气系统正常运行。当电压过高时，可能会烧毁电气元件，如电机、控制器等；当电压过低时，电机可能无法正常启动，或者电气系统的工作性能下降，如 CNC 系统可能会出现死机、数据丢失等现象。

（2）电源的频率：除了电压稳定性，电源的频率也需要满足要求。对于 CK6136S 数控机床，电源频率一般为（50±1）Hz。频率偏差过大，可能会影响电机的转速稳定性，进而影响机床的加工精度。例如，主轴电机的转速可能会因为频率偏差而偏离设定值，导致工件的加工表面粗糙度不符合要求。

5. 接地要求

数控机床在生产现场的保护接地是影响其可靠性的重要因素之一。必须确保机床的接地电阻小于规定值（一般为 4～7Ω 或更小），以保护操作人员的人身安全和机床中各电气部件的安全可靠。接地端子应清晰标识，并与机床的电气系统正确连接。

6. 气源要求

大多数数控机床都要使用压缩空气，通常要求压缩空气的压力为 4～6bar，也有的数控机床要求 5～8bar，而许多厂具有集中供应压缩空气的设备或压缩空气站。如果购买的数控机床所要求压缩空气的压力超出用户所提供的压力范围，或者用户没有集中供应压缩空气的系统，那么在安装数控机床前还要准备好单独提供压缩空气的空气压缩机。

在选购空气压缩机时，一定要按照厂家或机床说明书中提供的技术参数或技术数据进行选购，所需压缩空气的压力、流量必须满足要求，否则数控机床不能正常工作。

不管采用什么方式给数控机床提供气源，在输入到数控机床的前端，都需安装一套气源净化装置来除湿、除油及过滤，以满足机床说明书的技术要求。一旦未过滤的水、油及污物进入数控机床的气动系统中，就会缩短机床的使用寿命。

7. 液压油、润滑油、切削液及防冻液的准备

（1）液压油：液压油是机床液压系统中的关键介质，用于传递压力和能量。在安装前，应检查液压油的品质和数量是否符合机床的要求，并准备足够的液压油以备更换或补充。同时，还应确保液压油的清洁度，避免杂质和水分对液压系统造成损害。

（2）润滑油：润滑油用于机床各润滑点的润滑和冷却。在安装前，应检查润滑油的品

质和数量是否符合机床的要求,并准备足够的润滑油以备更换或补充。同时,还应根据机床的润滑要求选择合适的润滑油类型和规格。

(3)切削液:切削液用于机床加工过程中的冷却、润滑和清洗。在安装前,应选择合适的切削液类型和规格,并根据加工材料和工艺要求进行调整。同时,还应准备足够的切削液以备更换或补充。

(4)防冻液:在寒冷地区或冬季使用时,应准备适量的防冻液以防止机床的水冷系统结冰或冻裂。防冻液的选择应根据机床的冷却系统类型和当地的气温条件来确定。

在安装数控机床前,应按照说明书的要求将液压油、润滑油、切削液及防冻液按型号、牌号及数量准备好,并放置在现场(图7.13)。在数控机床安装完毕后按要求加好。如果待数控机床安装完成,准备通电试机或要开始调试数控机床时才去准备这些工作,势必影响工作的进度。

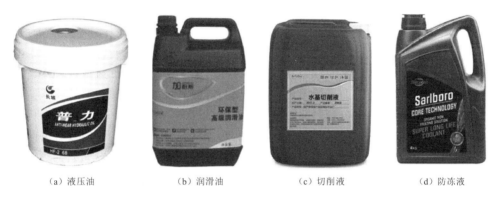

(a)液压油　　　　　(b)润滑油　　　　　(c)切削液　　　　　(d)防冻液

图7.13　机床液体准备

7.7.3　机床安装

1. 包装箱拆卸

CK6136S数控机床外包装箱由坚固的木质材料制成,以确保机床在运输过程中的安全。在安装前,必须仔细并有序地拆除包装箱,具体步骤如下。

(1)卸去包装箱顶部螺钉:使用适当的工具卸去包装箱上所有的固定螺钉。这些螺钉通常位于包装箱的顶部和侧面,用于将木板固定在框架上。

(2)移开木板:在卸去所有螺钉后,轻轻地将木板从框架上移开。注意动作要轻柔,避免木板划伤机床或造成其他损坏。

(3)卸去包装底板与框架连接螺钉:卸去包装底板与框架之间的所有连接螺钉。这些螺钉通常位于包装箱的底部,用于将底板固定在框架上。

(4)移开包装箱框架:在卸去所有连接螺钉后,可以轻轻地将包装箱框架移开。此时,机床应仍然被包装底板支撑着。

(5)卸下机床床脚两侧面板:为了更好地接近机床,需要卸下机床床脚两侧的面板。这些面板通常通过螺钉固定在床脚上,使用适当的工具可以轻松卸下。

(6)卸掉机床底部的连接螺母:机床底部通常有4颗连接螺母,用于将机床固定在包装底板上。使用扳手或适当的工具卸掉这些螺母。

（7）吊起机床并移开包装底板：使用起重机或叉车等吊装设备将机床轻轻吊起，并小心地移开包装底板。此时，机床应已完全脱离包装箱，准备进行下一步的安装工作。

2. 检查外观

在机床完全脱离包装箱后，接下来需要认真、彻底地检查数控机床的全部外观。这一步骤至关重要，因为任何在运输过程中可能发生的碰伤、损坏或被盗现象都需要及时发现并处理。

很多中、大型数控机床一般是由两个或两个以上的包装箱分开包装机床的附件、部件和备件等。附件一般有切削液装置、排屑器、液压装置等；部件一般有刀库、工作台及托盘等；更大的设备还会将床身解体分开包装。但不管有多少包装箱，包装箱打开后都必须认真检查其外观。

一般检查步骤如下。

（1）打开包装密封罩：如果机床被密封罩覆盖，要先打开密封罩以暴露机床的全部外观。

（2）仔细检查机床外观：使用手电筒或照明设备仔细检查机床的各个部位，包括床身、工作台、立柱、主轴箱等。特别注意检查是否有明显的划痕、凹陷或损坏迹象。

（3）检查附件和部件：如果机床包含多个附件和部件（如切削液装置、排屑器、液压装置等），也需要仔细检查这些部件的外观是否完好。

（4）记录并报告问题：如果发现任何问题，应立即记录并报告给厂商或有关部门。对于严重的损坏或被盗现象，可能需要与保险公司或运输公司联系以进行索赔。

3. 按照装箱单清点机床附件、备件、工具及资料说明书

在确认机床外观无误后，接下来需要按照装箱单清点机床的附件、备件、工具及资料说明书等物品。

按照装箱单上的清单，逐一清点机床的附件、备件、工具等物品。确保所有物品都已到位且数量正确。同时检查机床的资料和说明书是否齐全且完整。这些资料和说明书对于机床的安装、调试、操作和维护都至关重要。通常在清点装箱单时，厂商要有代表在场。如果是进口设备，厂商代表、商检部门人员都要在场，以便出现问题及时登记、处理。

4. 吊装准备与操作要点

数控机床由于体积比较庞大，机床的就位应考虑吊装方法。

（1）确定吊装点：根据说明书中的吊装图示，准确识别机床的重心及推荐的起吊位置。这是确保吊装过程中机床平衡与稳定的关键。

（2）准备吊装工具：选用合适的钢丝绳和吊钩，确保它们的承载能力满足机床的重量要求。同时，准备必要的垫块或橡皮管，以保护机床表面免受划伤。

（3）实施吊装：将钢丝绳套在床身的专用吊柄上，并确保吊钩通过吊杆将两组钢丝绳近似垂直地吊起机床。在此过程中，钢丝与机床及防护板的接触处应垫上木块或套上橡皮管，以防止擦伤。

（4）检查悬吊稳定性：在吊运之前，应仔细检查机床的各个部位是否牢固连接，确保没有松动或脱落的部件。同时，还应检查机床上是否有不该放置的物品，如工具、废料等，

以免在吊运过程中造成安全隐患。当机床被吊起离地面约100～200mm时，暂停吊装操作，仔细检查悬吊系统的稳固性。确认无误后，方可继续吊装。

5. 定位与安装

（1）缓慢移动至安装位置：在确认悬吊稳固后，缓慢地将机床移动至预定的安装位置。在此过程中，需保持机床的平稳与水平。在吊运机床时，应特别小心避免机床的CNC系统、高压开关板等关键部件受到冲击。这些部件一旦受损，将严重影响机床的性能和精度。

（2）对准安装部件：将机床的减震垫铁、调整垫板及地脚螺栓等部件与预留的安装孔位对准。这是确保机床安装稳固与精确的关键步骤。

（3）初步固定：在机床定位后，使用地脚螺栓等部件将机床初步固定在安装位置上。此时，可适当调整垫板的高度，以确保机床的水平度与稳定性。

（4）最终检查与调整：在完成初步固定后，对机床的水平度、稳定性及安装部件的紧固程度进行全面检查。如有必要，进行微调，以确保机床的安装质量。

在整个吊装与定位过程中，务必保持高度的安全意识，遵循操作规程，确保人员与机床的安全。同时，密切关注机床的吊装状态与安装位置，确保每一步操作都准确无误。

6. 水平调整

数控机床安装的核心环节之一是其水平调整，这一步骤对于确保机床的加工精度至关重要。水平调整具体指的是，在机床通过吊装准确就位后，需在其自然状态下，利用水平仪置于机床的关键工作面（诸如导轨面或装配基准面）上进行校准操作，直至达到水平状态。完成找平后，需均匀紧固地脚螺栓，并在预留孔中灌注水泥以固定。评估机床安装水平时，应确保水平仪的读数不超过0.02/1000mm的偏差范围。此外，在进行安装精度的测量时，建议选择一天中温度保持稳定的时段进行，以保证测量结果的准确性。

机床安装定位后，还需注意以下技术规格要求。

（1）垫铁的型号、规格和布置位置应符合设备技术文件的规定。当无规定时，应符合下列要求：每一地脚螺栓近旁，应至少有一组垫铁；垫铁组在能放稳和不影响灌浆的条件下，宜靠近地脚螺栓和底座主要受力部位的下方；相邻两个垫铁组之间的距离不宜大于800mm；机床底座接缝处的两侧，应各垫一组垫铁；每一垫铁组的块数不应超过3块。图7.14为垫铁放置示意图。

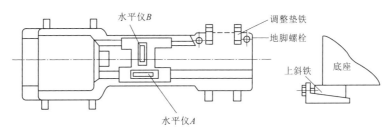

图7.14 垫铁放置示意图

（2）每一垫铁组应放置整齐、平稳且接触良好。部分常用调整垫铁见表 7.5。

表 7.5　　　　　　　　　　　部 分 常 用 调 整 垫 铁

名称	图 示	特点和用途
斜垫铁		斜度 1∶10，一般配置在机床地脚螺栓附近，成对使用。用于安装尺寸小、要求不高、安装后不需要再调整的机床，也可使用单个结构，此时与机床底座为线接触，刚度不高
开口垫铁		直接卡入地脚螺栓，能减轻拧紧地脚螺栓时使机床底座产生的变形
带通孔斜垫铁		套在地脚螺栓上，能减轻拧紧地脚螺栓时使机床底座产生的变形
钩头垫铁		垫铁的钩头部分紧靠在机床底座边缘上，安装调整时起限位作用，安装水平不易走失，用于振动较大或质量为 10～15t 的普通中、小型机床

（3）机床调平后，垫铁组伸入机床底座底面的长度应超过地脚螺栓的中心，垫铁端面应露出机床底面的外缘，平垫铁宜露出 10～30mm，斜垫铁宜露出 10～50mm，螺栓调整垫铁应留有再调整的余量。

（4）调平机床时应使机床处于自由状态，不应采用紧固地脚螺栓局部加压等方法，强制机床变形使之达到精度要求。对于床身长度大于 8m 的机床，当"自然调平"达到要求有困难时，可先经过"自然调平"，然后采用机床技术要求允许的方法强制达到相关的精度。

当组装机床的部件和组件时，组装的程序、方法和技术要求应符合设备技术文件的规定，出厂时已装配好的零件、部件，不宜再拆装；组装的环境应清洁，精度要求高的部件和组件的组装环境应符合设备技术文件的规定；零件、部件应清洗洁净，其加工面不得被磕碰、划伤和产生锈蚀；机床的移动、转动部件组装后，运动应平稳、灵活、轻便、无阻滞现象，变位机构应准确、可靠地移到规定位置；组装重要和特别重要的固定结合面，应符合机床技术规范中的相关检验要求。

7.7.4 调试前的准备工作

1. 熟悉机床结构

在调试前，应仔细阅读 CK6136S 数控机床的使用说明书和安装调试手册，了解机床的结构、性能、操作方法和注意事项。熟悉机床的电气控制系统、液压系统、传动系统以及各部件的功能和位置。

2. 检查安装质量

确认机床已按照安装要求进行正确安装，包括地基的稳固性、机床的水平度、地脚螺栓的紧固程度等。检查机床各部件是否完整无损，连接是否牢固可靠，电缆、油管等是否连接正确。

3. 工具准备

数控机床调适所需要的工具和材料清单见表 7.6。

表 7.6　　　　　　　　　　数控机床调适所需要的工具和材料清单

类型	名　称	规　格	单位	数量
工具	螺丝刀	一字	套	1
	螺丝刀	十字	套	1
	万用表	VC890D	块	1
	内六角扳手	2～19mm（14pcs）	套	1
	活扳手	200mm×24mm	把	1

7.7.5 机床调适

1. 机械部分调试

（1）机床的水平调整：使用水平仪在机床的工作台或床身导轨等关键部位进行测量。通过调整地脚螺栓下的垫铁，使机床达到规定的水平精度要求。水平精度不达标可能会影响加工精度和机床的稳定性。

（2）各运动部件的调试。

1）导轨副调试：检查导轨的润滑情况，确保导轨油充分供给。手动移动各运动部件，检查导轨副的运动灵活性，不应有卡滞现象。对于直线导轨，要检查滑块与导轨之间的配合是否紧密且顺滑；对于燕尾导轨等，要检查镶条的调整是否合适。

2）丝杆螺母副调试：检查丝杆的轴向窜动和径向跳动。可以使用百分表进行测量，轴向窜动和径向跳动过大可能会导致加工精度下降。同时，检查丝杆螺母的预紧力是否合适，预紧力过大可能会增加丝杆的磨损，过小则可能会产生反向间隙。

3）主轴的回转精度检查：用千分表测量主轴的径向跳动和轴向窜动。例如，将千分表表头垂直顶在主轴端部，旋转主轴，观察千分表指针的跳动范围，其跳动值应在机床规定的精度范围内。

　　4）主轴的润滑与冷却检查：检查主轴的润滑系统，确保润滑油路畅通，油质良好。对于带有冷却功能的主轴，还要检查冷却系统是否正常工作，冷却液是否能够有效循环到主轴的发热部位。

　　5）主轴与卡盘的连接检查：如果是车床，要检查主轴与卡盘的连接是否牢固，卡盘的夹紧力是否符合要求。可以通过试装工件，检查卡盘对工件的夹紧效果。

　　2. 电气部分调试

　　（1）电气连接检查：数控系统的电气连接是确保数控系统正确稳定工作的主要因素之一，包括数控装置与 MDI/CRT 单元、电气柜、机床控制面板、主轴伺服单元、进给伺服单元、检测装置反馈信号线的连接等，要确保这些连接都符合随机提供的连接手册的规定。

　　（2）地线连接：数控机床地线的连接十分重要，良好的接地不仅对设备和人身的安全十分重要，同时能减少电气干扰，保证机床的正常运行。地线一般采用辐射式接地法，即数控系统电气柜中的信号地、框架地、机床地等连接到公共接地点上，公共接地点再与大地相连。数控系统电气柜与强电柜之间的接地电缆要足够粗。

　　（3）电路连接检查：在机床通电前，根据电路图、按照各模块的电路连接，依次检查线路和各元器件的连接。重点检查变压器的初次级、开关电源的接线、继电器、接触器的线圈和触点的接线位置等。

　　（4）断电检测。在断电情况下进行如下检测。

　　1）三相电源对地电阻测量、相间电阻的测量。

　　2）单相电源对地电阻的测量。

　　3）24V 直流电源的对地电阻，两极电阻的测量。如果发现问题，在未解决之前，严禁机床通电试验。

　　（5）通电检测。

　　1）电源部分检测：在电气检查未发现问题的情况下，依次按下列顺序进行通电检测：三线电源总开关的接通，检查电源是否正常，观察电压表，电源指示灯；依次接通各断路器，检查电压；检查开关电源（交流 220V 转变为直流 24V）的入线及输出电压。如果发现问题，在未解决之前，严禁进行下一步试验。

　　2）数控系统启动观察：若正常可进行 NC 启动，观察数控系统的现象。一切正常后可输入机床系统参数、伺服系统参数，传入 PLC 程序。

　　3. 传动部分调试

　　（1）检查传动部件：检查机床的传动部件，如齿轮、轴承、丝杠等，是否完好无损，润滑是否良好。确认传动部件的安装位置是否正确，连接是否牢固可靠。

　　（2）调整传动间隙：根据机床的使用说明书和安装调试手册，调整传动部件的间隙，确保传动精度和稳定性。调整间隙时，应使用专用的调整工具和测量仪器，确保调整精度符合要求。

　　（3）检查传动效果：启动机床，检查传动部件的运转情况，如有无异常声音、振动或发热现象。观察机床的进给速度和主轴转速是否稳定，是否符合设定要求。

　　4. 液压系统调试

　　（1）检查液压油箱：确认液压油箱的油位是否在规定的范围内，油质是否清洁无杂质。检查油箱的密封性是否良好，有无漏油现象。

（2）检查液压回路：检查液压回路的连接是否牢固可靠，有无松动或泄漏现象。确认液压回路的压力、流量等参数是否符合设计要求。

（3）调整液压参数：根据机床的使用说明书和安装调试手册，调整液压系统的压力、流量等参数。调整参数时，应使用专用的调整工具和测量仪器，确保调整精度符合要求。

（4）检查液压元件：检查液压元件的工作情况，如液压泵、液压阀、液压缸等，是否运转正常，有无异常声音或泄漏现象。确认液压元件的润滑和冷却是否良好，有无过热或磨损现象。

5. 润滑部分调试

（1）检查润滑油箱：确认润滑油箱的油位是否在规定的范围内，油质是否清洁无杂质。检查油箱的密封性是否良好，有无漏油现象。

（2）检查润滑回路：检查润滑回路的连接是否牢固可靠，有无松动或泄漏现象。确认润滑回路的润滑点是否设置正确，润滑是否充分。

（3）调整润滑参数：根据机床的使用说明书和安装调试手册，调整润滑系统的润滑周期、润滑量等参数。调整参数时，应确保润滑系统满足机床的润滑需求，避免过度润滑或润滑不足。

（4）检查润滑元件：检查润滑元件的工作情况，如油泵、油嘴、油管等，是否运转正常，有无异常声音或泄漏现象。确认润滑元件的清洁和保养是否到位，有无堵塞或磨损现象。

6. 机床部分调试

（1）检查手动功能：手动操作机床的各部件，检查其运动是否灵活、准确。确认手动功能的各项参数是否符合设计要求，如手动进给速度、手动主轴转速等。

（2）检查自动功能：编写简单的加工程序，测试机床的自动加工功能。观察机床在自动加工过程中的运行情况，如有无异常声音、振动或故障现象。确认自动功能的各项参数是否符合设计要求，如自动进给速度、自动换刀时间等。

（3）检查辅助功能：测试机床的辅助功能，如冷却、润滑、排屑等，是否工作正常。确认辅助功能的各项参数符合设计要求，如冷却液流量、润滑液压力等。

7. 精度检测与调整

（1）检测机床精度：使用专用的检测仪器，如千分尺、内径百分表等，检测机床的各项精度指标，如定位精度、重复定位精度、几何精度等。记录检测结果，并与机床的精度要求进行对比分析。

（2）调整机床精度：根据检测结果，对机床的精度进行调整。调整时，应使用专用的调整工具和测量仪器，确保调整精度符合要求。调整完成后，再次进行检测，确认机床的精度满足设计要求。

8. 安全保护与防护措施调试

（1）检查安全保护装置：确认机床的安全保护装置是否完好有效，如防护罩、防护门、急停按钮等。测试安全保护装置的功能，确保其能够在紧急情况下迅速响应并保护人员和设备的安全。

（2）检查防护措施：确认机床的防护措施到位，如防尘、防屑、防振等。检查防护措施的效果，确保其有效地保护机床和加工件免受外界环境的干扰和损害。

9. 调试后的验收与培训

（1）验收机床：在完成所有调试步骤后，对机床进行全面的验收。验收内容包括机床的各项功能、精度、安全保护装置以及防护措施等。确认机床符合设计要求后，方可交付使用。

（2）培训操作人员：对机床的操作人员进行培训，使其熟悉机床的结构、性能、操作方法和注意事项。培训内容包括机床的日常维护、保养、故障排除以及安全操作规程等。通过培训，提高操作人员的技能水平和安全意识，确保机床的正常运行和安全生产。

10. 调试过程中的注意事项

（1）严格遵守操作规程：在调试过程中，应严格遵守机床的操作规程和安全操作规程。禁止违章操作，避免造成机床损坏或人员伤亡事故。

（2）注意机床的清洁与保养：在调试过程中，应保持机床的清洁和保养。定期清理机床的油污、灰尘和杂物，保持机床的整洁和美观。定期对机床进行润滑和保养，确保机床的正常运转和延长使用寿命。

（3）及时记录调试数据：在调试过程中，应及时记录各项调试数据和结果。对调试过程中出现的问题和故障进行记录与分析，为后续的维护和保养提供参考。

（4）加强沟通与协作：在调试过程中，应加强与技术人员的沟通和协作。遇到问题时，应及时向技术人员请教和咨询，共同解决问题。通过沟通与协作，提高调试效率和质量，确保机床的正常运行和安全生产。

任务7.8 数控机床精度检测与验收

数控机床精度检测与验收是确保机床加工质量和生产效率的重要环节。在现代制造业中，数控机床因其高精度、高效率和可编程性而成为不可或缺的设备。然而，机床在制造、运输、安装过程中可能会受到各种因素的影响，导致其精度发生变化。因此，对数控机床进行精确的精度检测与验收，是保证其在生产中能够达到预期加工精度和效率的关键步骤。

7.8.1 几何精度概述

几何精度是指机床在没有进行切削加工时，其各部件的几何形状和相互位置精度。几何精度是机床精度的基础，直接影响到机床加工零件的准确性。

1. 几何精度的概念与意义

数控机床的几何精度是指机床各部件工作表面的几何形状及相互位置接近正确几何基准的程度。它反映了机床在静态条件下的几何形状误差，是保证机床加工精度的基础。例如，机床的床身导轨的直线度、主轴的回转精度等几何精度指标直接影响到加工零件的形状精度，如直线度、圆度等。如果床身导轨直线度不好，那么在加工长轴类零件时，就很容易导致轴的直线度超差。

良好的几何精度有助于提高机床的稳定性和可靠性。在长期的加工过程中，几何精度的保持性也非常重要。

目前，检测机床几何精度的常用工具有精密水平仪、精密方箱、90°角尺、平尺、平行光管、千分表、测微仪、高精度检验棒等。检测工具的精度必须比所测的几何精度高一个等级，否则测量的结果是不可信的。每项几何精度的具体检测方法可照《金属切削机床精度检测通则》（JB/T 2670—2013）、《数控卧式车床精度》（JB/T 4369—2013）等有关标准的要求进行，也可按机床出厂时的几何精度检测项目的要求进行。

机床几何精度的检测必须在机床精调后依次完成，不允许调整一项或检测一项，因为几何精度有些项目是相互关联的。

2. 影响几何精度的因素

（1）机床的制造精度：机床的床身、立柱、主轴箱等关键部件的制造误差是影响几何精度的主要因素之一。在制造过程中，如果铸造、加工等工艺环节存在缺陷，就会导致部件的几何形状和尺寸精度不达标。例如，床身铸造时如果存在砂眼或者加工时导轨的加工精度不够，都会影响到机床的几何精度。

（2）装配精度：即使各个部件的制造精度较高，但如果装配不当，也会破坏机床的几何精度。例如，主轴与轴承的装配间隙不合适，会影响主轴的回转精度；导轨的安装如果不平行或者不垂直，也会导致机床整体的几何精度下降。

（3）环境因素：温度变化会使机床产生热变形，从而影响几何精度。例如，机床在长时间运行后，由于主轴、电机等发热部件的热量传递，会使床身、导轨等部件发生热膨胀，如果没有相应的热补偿措施，就会改变机床的几何精度。另外，湿度、灰尘等环境因素也可能对机床的几何精度产生影响，如湿度大会导致机床部件生锈，灰尘会影响导轨的顺滑性等。

7.8.2 几何精度检测

1. 工具准备

几何精度检测所需要的工具清单见表7.7。

表7.7 几何精度检测所需要的工具清单

类型	名 称	规 格	单位	数量
工具	平尺	400mm，1000mm，0级	把	2
	检验棒	$\phi 80 \times 500mm$	个	1
	莫氏锥度验棒	No5×300mm，No3×300mm	个	2
	顶尖	莫氏5号，莫氏3号	个	2
	杠杆式百分表	0～0.8mm	个	1
	磁力表座	150mm	个	1
	水平仪	0.02/1000mm	个	2
	等高块	30mm×30mm×30mm	只	2

2. 几何精度的检测准备

数控机床完成就位和安装后，在进行几何精度检验前，通常要先用水平仪进行安装水平的调整，其目的是取得机床的静态稳定性，这是机床的几何精度检验和工作精度检验的前提条件，但不作为交工验收的正式项目，即若是几何精度和工作精度检验合格，则安装水平是否在允许范围不必进行校验。机床的安装水平的调平应该符合以下要求。

（1）机床应以床身导轨作为安装水平的检验基础，并用水平仪和桥板或专用检具在床身导轨两端、接缝处和立柱连接处按导轨纵向和横向进行测量。

（2）应将水平仪按床身的纵向和横向，放在工作台或溜板上，并移动工作台或溜板在规定的位置进行测量。

（3）应以机床的工作台或溜板为安装水平检验的基础，并用水平仪按机床纵向和横向放置在工作台或溜板上进行测量，但工作台或溜板不应移动位置。

（4）应用水平仪按床身导轨纵向进行等距离移动测量，并将水平仪读数依次排列在坐标纸上，画出垂直平面内直线度偏差曲线，以偏差曲线两端点连线的斜率作为该机床的纵向安装水平。横向水平以水平仪的读数值为准。

（5）应以水平仪在设备技术文件规定的位置上进行测量。

3. 几何精度的检测内容

（1）直线度检测。对于机床导轨的直线度检测，可以采用水平仪测量法。将水平仪放置在导轨上，沿导轨移动水平仪，根据水平仪的读数变化来确定导轨的直线度误差。例如，在普通数控车床的床身导轨检测中，通过在导轨上均匀分段测量，记录水平仪在每段的气泡偏移量，然后根据水平仪的精度和测量长度计算出直线度误差。

激光干涉仪也可用于直线度检测，它具有高精度的特点。激光干涉仪发射的激光束沿导轨传播，通过反射镜反射回来后与原光束干涉，根据干涉条纹的变化来精确测量直线度。

（2）平面度检测。常用的方法是用平尺和塞尺进行检测。将平尺放置在被测平面上，用塞尺测量平尺与平面之间的间隙，从而确定平面度误差。不过这种方法精度相对较低。

采用光学平面干涉仪可以实现高精度的平面度检测。通过将被测平面与标准光学平面进行干涉测量，根据干涉条纹的形状和数量来精确判断平面度。

（3）垂直度检测。可以使用直角尺和百分表来检测部件之间的垂直度。将直角尺的一边贴合在一个基准面上，另一边与百分表的表头接触要检测的表面，移动部件，观察百分表的读数变化来确定垂直度误差。

对于一些高精度要求的数控机床，也可以采用激光准直仪来检测垂直度，它能够提供更精确的测量结果。

4. 几何精度检验项目及检验方法

在数控机床的几何精度检验中，有几个关键项目对确保机床的加工精度和稳定性至关重要。以下是一些主要的几何精度检验项目，以及检验工具和检验方法的简要介绍。

（1）纵向与横向导轨精度检验。

1）床身纵向导轨在垂直平面内的直线度。

检验工具：精密水平仪。

检验方法：如图 7.15 所示，在溜板上靠近前导轨处纵向放置一水平仪，等距离（近似等于规定局部误差的测量长度）移动溜板，在全部测量长度上检验，将水平仪的读数依次排列，画出导轨直线误差曲线，曲线相对其两端点连线的最大坐标差值即为导轨全长的直线度误差，曲线上任意局部测量长度的两端点相对曲线两端点连线的坐标差值，即为导轨的局部误差。

2）横向床身导轨的平行度。

检验工具：精密水平仪。

检验方法：如图 7.16 所示，将水平仪按机床横向放置在溜板上，等距离移动溜板进行检验，记录水平仪读数，水平仪读数的最大代数差值即为床身导轨的平行度误差。

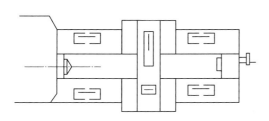

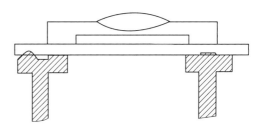

图 7.15　床身纵向导轨在垂直平面内的　　　　图 7.16　床身导轨两工作面之间的平行度
　　　　　直线度检验示意图　　　　　　　　　　　　　检验示意图

（2）坐标轴移动在主平面内的直线度检验。

检验工具：百分表、检验棒、平尺。

检验方法：如图 7.17 所示，将百分表固定在溜板上，使其测头触及主轴和尾座顶尖的检验棒表面，调整尾座使百分表在检验棒两端的读数相等。移动溜板在全部行程上检验，百分表读数的最大代数差值即为直线度误差（尽可能在两顶尖间轴线和刀尖所确定的平面内检验）。

（3）尾座移动对溜板移动的平行度检验。

检验工具：百分表。

检验方法：如图 7.18 所示，将百分表固定在溜板上，使其测头分别触及近尾座端的套筒表面，垂直平面内尾座移动对溜板移动的平行度是垂直平面内的误差。水平面内尾座移动对溜板移动的平行度是水平面内的误差。

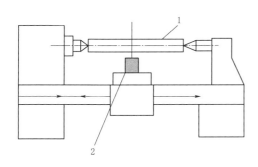

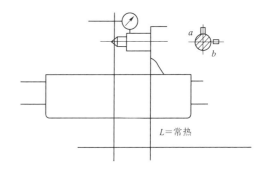

图 7.17　坐标轴移动在主平面内的直线度检验示意图　　　图 7.18　尾座移动对溜板移动的平行度
　　　　　1—检验棒；2—带表座百分表　　　　　　　　　　　　　检验示意图

将尾座套筒伸出至正常工作状态后锁紧，并确保尾座尽可能贴近溜板。接着，调整安装在溜板上的第二个百分表，使其相对于尾座套筒端面的读数为零。在溜板移动的过程中，需手动同步移动尾座，以确保第二个百分表的读数始终保持为零，从而维持尾座与溜板之间的相对距离不变。

按照这种方法，让溜板和尾座在全行程内移动。如果第二个百分表的读数在整个过程中始终为零，则说明第一个百分表所测量的平行度误差是准确的。或者，也可以在每隔 300mm 的行程上记录第一个百分表的读数，其中读数的最大差值即为平行度误差。

第一个百分表需要在图中的 a、b 两个位置分别进行测量,并单独计算误差。在任意 500mm 行程以及全行程上,百分表读数的最大差值分别代表了局部长度和全行程上的平行度误差。

(4)主轴轴肩支撑面的跳动检验。

检验工具:百分表、专用装置。

检验方法:如图 7.19 所示,用专用装置在主轴线上加力 F(F 的值为消除轴向间隙的最小值,100N),把百分表安装在机床固定部件上,然后使百分表测头沿主轴轴线分别触及专用装置的钢球和主轴轴肩支撑面。a 球固定在主轴端部的检验棒中心孔内的钢球上,b 球固定在主轴轴肩支撑面上。低速旋转主轴,百分表读数最大差值即为主轴的轴向窜动误差和主轴轴肩支撑面的跳动误差。

(5)主轴定位孔的径向圆跳动检验。

检验工具:百分表。

检验方法:如图 7.20 所示,固定百分表,使其测头触及主轴定位孔表面。旋转主轴进行检验,误差以百分表读数的最大差值计。注意:本检验只适用于主轴有定位孔的机床。

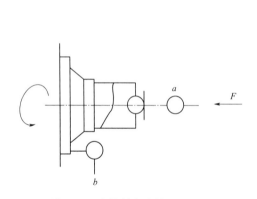

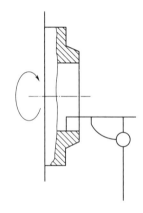

图 7.19　主轴轴肩支撑面的跳动　　　　　图 7.20　主轴定位孔的径向圆跳动
　　　　　检验示意图　　　　　　　　　　　　　　检验示意图

(6)主轴定心轴颈的径向圆跳动检验。

检验工具:百分表。

检验方法:如图 7.21 所示,将百分表安装在机床固定部件上,使百分表测头垂直触及主轴定心轴颈,沿主轴轴线施加力 F($F=100N$);旋转主轴,百分表读数的最大差值即为主轴定心轴颈的径向圆跳动误差。

(7)主轴锥孔轴线的径向圆跳动检验。

检验工具:百分表、检验棒。

检验方法:如图 7.22 所示,将检验棒插在轴锥孔内,将百分表安装在机床固定部件上,使百分表测头垂直触及被测表面,旋转主轴,记录百分表的最大读数差值,需要在 a、b 处分别测量,a 靠近主轴端面,b 距 a 点 300mm。标记检验棒与主轴的圆周方向的相对位置后,取下检验棒,按相同方向分别旋转检验棒 90°、180°、270° 后重新插入主轴锥孔,并在每个位置分别检测。取 4 次检测的平均值即为主轴锥孔轴线的径向圆跳动误差。

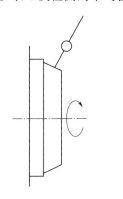 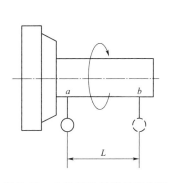

图 7.21　主轴定向轴颈的　　　　　图 7.22　主轴锥孔轴线的径向圆
径向圆跳动检验示意图　　　　　　　跳动检验示意图

（8）主轴轴线（对溜板移动）的平行度检验。

检验工具：百分表、检验棒。

检验方法：如图 7.23 所示，将检验棒插在主轴锥孔内，把百分表安装在溜板（或刀架）上，接下来分别检验垂直平面和水平平面的平行度。

1）使百分表测头在垂直平面内垂直触及被测表面（检验棒），移动溜板，记录百分表的最大读数差值及方向；旋转主轴 180°，重复测量一次，取两次读数的算术平均值作为在垂直平面内主轴轴线对溜板移动的平行度误差。

2）使百分表测头在水平平面内直及被测表面（检验棒），按 1）的方法重复测量一次，即得水平平面内主轴轴线对溜板移动的平行度误差，误差以百分表两次读数的平均值计。

（9）主轴顶尖的跳动检验。

检验工具：百分表和专用顶尖。

检验方法：如图 7.24 所示，将专用顶尖插入主轴锥内，把百分表安装在机床固定部件上，使百分表测头垂直触及顶尖锥面。沿主轴轴线施加力 F（$F=100\mathrm{N}$），旋转主轴进行检验，误差以百分表读数除以 $\cos a$（a 为锥体半角）为准。

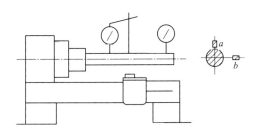 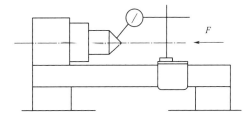

图 7.23　主轴轴线（对溜板移动）的　　　图 7.24　主轴顶尖的跳动检验示意图
平行度检验示意图

（10）尾座套筒轴线对溜板移动的平行度检验。

检验工具：百分表。

检验方法：如图 7.25 所示，将尾座套筒伸出有效长度（最大工作长度的一半）后，按正常工作状态锁紧。将百分表安装在溜板（或刀架）上，接下来分别检验垂直平面和水平平面的平行度。

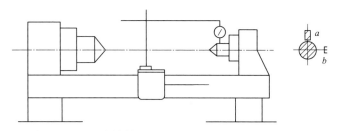

图 7.25　尾座套筒轴线对溜板移动的平行度检验示意图

1）使百分表测头在垂直平面内垂直触及被测表面（尾座筒套），移动溜板，记录百分表的最大读数差值及方向，即得在垂直平面内尾座套筒轴线对溜板移动的平行度误差。

2）使百分表测头在水平平面内垂直触及被测表面（尾座套筒），按上述方法重复测量一次，即得在水平平面内尾座套筒轴线对溜板移动的平行度误差。a 在垂直平面内，b 在水平面内，a、b 误差分别计算，误差以百分表读数最大值为准。

（11）尾座套筒锥孔轴线对溜板移动的平行度检验。

检验工具：百分表、检验棒。

检验方法：如图 7.26 所示，尾座套筒伸出并按正常工作状态锁紧。将检验棒插在尾座套筒锥孔内，百分表安装在溜板（或刀架）上，接下来分别检验垂直平面和水平平面的平行度。

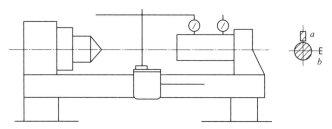

图 7.26　尾座套筒锥孔轴线对溜板移动的平行度检验示意图

1）使百分表测头在垂直平面内垂直触及被测表面（尾座套筒），移动溜板，记录百分表的最大读数差值及方向；取下检验棒并旋转 180° 后重新插入尾座套孔，重复测量一次，取两次读数的算术平均值作为在垂直平面内尾座套筒锥孔轴线对溜板移动的平行度误差。

2）使百分表测头在水平平面内垂直触及被测表面，按上述方法重复测量一次，即得在水平平面内尾座套筒锥孔轴线对溜板移动的平行度误差。a、b 误差分别计算，误差以百分表两次测量结果的平均值为准。

（12）床头主轴和尾座两顶尖的等高度检验。

检验工具：百分表、检验棒。

检验方法：如图 7.27 所示，将检验棒装在主轴和尾座两顶尖上，把百分表固定在溜板（或刀架）上，使百分表测头在垂直平面内垂直触及被测表面（检验棒），然后移动溜板至行程两端极限位置上进行检验，移动小拖板（X 轴），记录百分表在行两端的最大读数值的差值，即为床头主轴和尾座两顶尖的等高度（测量时注意方向）。

当车床两顶尖距离小于 500mm 时，尾座应紧固在床身导轨的末端；当车床两顶尖距离大于 500mm 时，尾座应紧固在两顶尖距离的 1/2 处。检验时，尾座套筒应退入尾座腔内，并锁紧。

（13）刀架横向移动对主轴轴线的垂直度检验。

检验工具：百分表、平圆盘、平尺。

检验方法：如图 7.28 所示，将平圆盘（直径为 300mm）安装在主轴锥孔内，百分表安装在横滑板上，使百分表测头在水平平面内垂直触及被测表面（平圆盘），再沿 X 轴方向移动刀架，记录百分表的最大读数差值及方向；将圆盘旋转 180°，重新测量一次，取两次读数的算术平均值作为刀架横向移动对主轴轴线的垂直度误差。

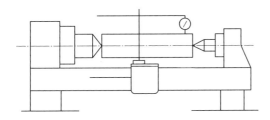 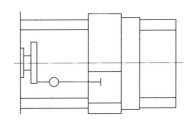

图 7.27　床头主轴和尾座两顶尖的等高度　　图 7.28　刀架横向移动对主轴轴线的垂直度
检验示意图　　　　　　　　　　　　　检验示意图

7.8.3　位置精度概述

位置精度是数控机床精度检测的重要组成部分，它反映了机床各坐标轴在数控系统控制下运动所能达到的位置精度。位置精度的检测内容主要包括定位精度、重复定位精度、机械原点复位精度、反向误差以及回转运动轴定位精度等。

1. 位置精度的概念与意义

位置精度是指机床各运动部件在数控装置控制下所能达到的运动精度。它包括定位精度、重复定位精度、原点返回精度等指标。位置精度直接关系到机床加工时刀具相对于工件的准确位置，是影响加工精度的重要因素。例如，在加工孔系零件时，如果机床的定位精度不高，就会导致孔的位置偏差，从而影响零件的装配性能。

对于一些高精度的数控机床，如加工中心，其位置精度要求更为严格。良好的位置精度能够保证在复杂的加工任务中，如多轴联动加工、精密模具加工等，刀具能够精确地按照编程轨迹运动，从而实现高质量的加工。

2. 影响位置精度的因素

（1）机械传动部件的误差：如丝杠的螺距误差、导轨的直线度误差等。丝杠螺距误差会导致坐标轴移动距离与指令距离不符，导轨直线度误差会影响坐标轴的直线运动精度，从而影响位置精度。

（2）数控系统的控制精度：数控系统的插补算法、分辨率等因素会影响机床的位置控制精度。例如，较低分辨率的数控系统可能无法精确控制坐标轴的微小移动，导致位置误差。

7.8.4　位置精度检测

1. 工具准备

位置精度检测所需要的工具清单见表 7.8。

表 7.8　位置精度检测所需要的工具清单

类型	名　称	规　格	单位	数量
工具	激光干涉仪	±0.5ppm（0～40℃）	套	1
	步距规	1级 450mm	个	1
	杠杆式百分表	0～0.8mm	个	1
	磁力表座	150mm	个	1

2. 位置精度检验项目及检验方法

定位精度和重复定位精度的检验仪器有激光干涉仪、线纹尺、步距规等。其中，步距规因其操作简单而广泛采用于批量生产中。

（1）定位精度的检验。按标准规定，对数控车床的直线运动定位精度的检验应用激光检验，如图 7.29 所示。

当条件不具备时，也可用标准长度刻线尺配以光学显微镜进行比较检验，如图 7.30 所示，这种方法的检验精度与检验技巧有关，一般可控制在（0.004～0.005）/1000mm。而激光检验的精度比标准长度刻线尺检验精度高 1 倍。

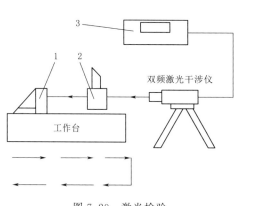
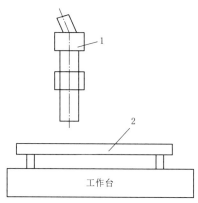

图 7.29　激光检验
1—反光镜；2—分光镜；3—数显记录仪

图 7.30　标准长度刻线尺比较检验
1—测量显微镜；2—标准长度刻度尺

为反映多次定位的全部误差，ISO 标准规定每一个定位点按 5 次测量数据计算出平均值和离散差±3σ，画出其定位精度曲线。定位精度曲线还与环境温度和轴的工作状态有关，如数控车床丝杠的热伸长为（0.01～0.02）mm/1000mm，而经济型的数控车床一般不能补偿滚珠丝杠热伸长，此时可采用预拉伸丝杠的方法来减小其影响。

（2）重复定位精度的检验。重复定位精度是反映直线轴运动精度稳定与否的基本指标，其所用检验仪器与检验定位精度相同，通常的检验方法是在靠近各坐标行程的两端和中点这三个位置进行测量，每个位置均用快速移动定位，在相同条件下重复 7 次，测出每个位置处每次停止时的数值，并求出 3 个位置中最大读数差值的 1/2，附上 "±" 号，作为该坐标的重复定位精度。

（3）机械原点复位精度的检验。原点复位即常称的 "回零"，其精度实质上是指坐标轴上一个特殊点的重复定位精度，故其检验方法与检验重复定位精度基本相同，只不过将检验重复定位精度 3 个位置改为终点位置。

（4）直线运动矢动量的检验。直线运动矢动量的检验常采用表测法，其步骤如下。

1）将工作台（或刀架）向正向或负向移动一段距离，并以停止后的位置为基准（百分表调零）。

2）在前述位移的相同方向给定一位移指令值，以排除随机反向误差的影响。

3）往前述位移的相反方向移动同一给定位移指令值后停止，用百分表测量该停止位置与基准位置之差。

4）在靠近行程的两端及中点这 3 个位置上，分别重复上述过程进行多次（通常为 7 次）测定，求出在各个位置上的测量平均值，以所得平均值中的最大值作为其反向误差值。

7.8.5 切削精度概述

切削精度是数控机床精度检测的最终验证环节，它反映了机床在实际加工过程中的加工精度。切削精度的检测内容主要包括单项加工精度检测和综合加工精度检测。

7.8.6 切削精度检测

1. 工具准备

切削精度检测所需要的工具清单见表 7.9。

表 7.9　　　　　　　　　　　切削精度检测所需要的工具清单

类　型	名　　称	规　　格	单　位	数　量
工具	刀具	根据实际情况选用	套	1
	各类量具	—	—	—
	试件	车削试件	个	1

2. 数控车床单项加工精度检验

机床质量好坏的最终考核标准依据的是该机床加工零件的质量，即可通过一个综合试件的加工质量来进行切削精度评价。在切削试件时，可参照《金属切削机床精度检测通则》（JB/T 2670—2013）中的有关规定进行，或按机床所附有关技术资料的规定进行。对于数控卧式车床，单项加工精度有外圆车削、端面车削和螺纹切削，分别介绍如下。

（1）外圆车削。精车钢试件的三段外圆，车削后，检验外圆圆度及直径的一致性。

1）外圆圆度检验：误差为试件近主轴端的一段外圆上，同一横剖面内最大与最小半径之差。

2）直径一致性检验：误差为通过中心的同一纵向剖面内，三段外圆的最大直径差。

外圆车削试件如图 7.31 所示，其材料为 45 号钢，切削速度为 $100\sim150\text{m/min}$，背吃刀量为 $0.1\sim0.15\text{mm}$，进给速度不大于 0.1mm/r，刀片材料为 YW3 涂层刀具。试件长度取床身上最大车削直径的 1/2 或 1/3，最长为 500mm，直径不小于长度的 1/4。精车后圆度小于 0.007mm，直径的一致性在 200mm 测量长度上小于 0.03mm，此时机床加工直径不大于 800mm。

（2）端面车削。精车铸铁盘形试件端面，车削后检验端面的平面度。端面车削试件如图 7.32 所示。试件材料为灰铸铁，切削速度为 100m/min，背刀量为 $0.1\sim0.15\text{mm}$，进给速度不大于 0.1mm/r，刀片材料为 YW3 涂层刀具，试件最小外圆直径为最大加工直径的 1/2。精车后检验其平面度，200mm 直径上平面度不大于 0.02mm，且只允许出现中间凹的误差。

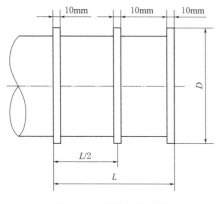

图 7.31　外圆车削试件

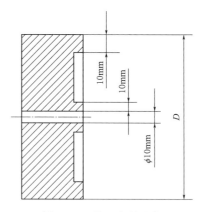

图 7.32　端面车削试件

（3）螺纹切削。用 60°螺纹车刀，精车 45 号钢类试件的外圆柱螺纹。螺纹切削试件如图 7.33 所示。

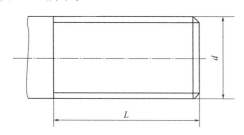

图 7.33　螺纹切削试件

螺纹长度应不小于工件直径的 2 倍，且不得小于 75mm，一般取 80mm。螺纹直径接近 Z 轴丝的直径，螺距不超过 Z 轴丝杠螺距的 1/2，可以使用顶尖。精车 60°螺纹后，在任意 60mm 测量长度螺距累积误差的允许误差为 0.02mm。

3. 数控车床综合切削精度检验

综合车削试件如图 7.34 所示，其材料为 45 号钢，有轴类和盘类零件，加工容包括台阶圆锥、凸球、凹球、倒角及割槽等，检验项目有圆度、直径尺寸精度及长度尺寸精度等。

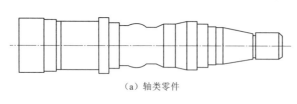

（a）轴类零件　　　　　　　　　　（b）盘类零件

图 7.34　综合车削试件

4. 数控铣床切削精度检验

对于立式数控铣床和加工中心，当进行切削精度检测时，可以是单项加工，也可以是综合加工一个标准试件。当进行单项加工时，主要检测的单项精度如下。

（1）镗孔精度。

（2）端面铣刀铣削平面的精度（X - Y 平面）。

（3）镗孔的孔距精度和孔径分散度。

（4）直线铣削精度。

（5）斜线铣削精度。

（6）同弧铣削精度。

对于卧式机床，还需要检测箱体掉头镗孔同心度和水平转台回转 90°铣四方加工精度。

对于特殊的机床，还要做单位时间内金属切削量的试验等。切削加工试验材料除特殊要求之外，一般都用 1 级铸铁，并使用硬质合金刀具，按标准的切削用量切削。

此外，也可以综合加工一个标准试件来评定机床的切削精度，综合铣削标准试件如图 7.35 所示。

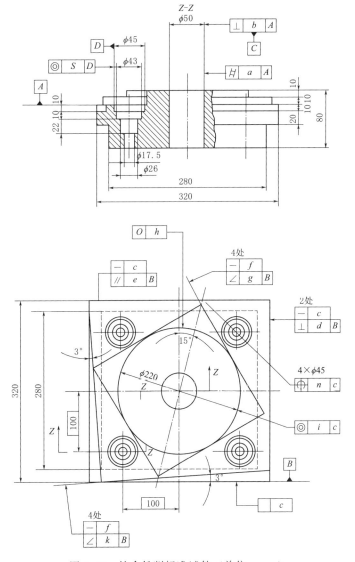

图 7.35　综合铣削标准试件（单位：mm）

项目实施

实训工单   主传动系统的安装与调试

一、实训目标

1. 能够正确使用装配工具、量具、识读装配图纸，按照 5S 管理要求整理现场。
2. 理解主轴工作原理与工作特性。
3. 能够进行主轴机械部件的装调。

二、任务实施

主轴电机是主传动装置的动力源，电动机通过同步带与主轴组件相连接，带动主轴组件一起旋转。

以小组形式，完成主传动系统的安装与调试。

任务一：制定任务计划。根据小组讨论，在表 7.10 中填入任务计划分配。

表 7.10   小 组 任 务 计 划 表

班级：_____   组别：_____   日期：_____
学生姓名：_____   指导教师：_____   成绩（完成或没完成）：_____

步骤	任 务 内 容	完 成 人 员
1		
2		
3		
4		
5		
6		

任务二：分析主轴结构，讨论并将安装过程中所需要准备的工具与材料填入表 7.11。

表 7.11   需要的工具和材料清单

类型	名称	规格	单位	数量
工具				

任务三：按步骤完成主传动系统的安装与调试，连接操作评分见表7.12。

表 7.12 　　　　　　　　　 主传动系统的安装与调试评分表

序号	项目	考核内容及要求	得分	评 分 标 准	检测结果	得分
1	工作计划和图纸	工作计划	5 分	工作计划不完善，少一项扣1分；材料清单不完整，少一项扣1分；机械识图有错误，每处扣1分		
		材料清单	5 分			
		机械识图	10 分			
2	部件安装与连接		20 分	装配未能完成，扣10分；装配完成，但有紧固件松动现象，每处扣1分		
3	装配工艺、机械安装及装配工艺		20 分	装配工艺过程卡片中工序内容不完整，少一项扣1分；电机安装板的安装位置不合理，每处扣2分；电机安装位置不合理扣4分；工量具使用不合理，每项扣2分		
4	测试： 1. 同步带与电机轴端间隙量 2. 伺服电机支座轴承盖的紧固螺钉间隙量		30 分	间隙量过小产生刮碰，每项扣15分		
5	职业素养与安全意识		10 分	现场操作中安全保护符合安全操作规程；工具摆放、包装物品、机械零件等的处理符合职业岗位的要求，团队合作既有分工又有合作，配合紧密；遵守纪律，尊重教师，爱惜设备和器材，保持工位整洁		

三、知识巩固

1. 数控机床的进给传动系统常用齿轮箱进给系统来工作（　　　）。

　　A. 正确　　　　　　　　　　　B. 错误

2. 安全联轴器与电动机轴、滚珠丝杠相连时，采用了无键锥环连接（　　　）。

　　A. 正确　　　　　　　　　　　B. 错误

3. 安全联轴器的调整机床许用的最大进给力取决于锥环的胀紧力。

　　A. 正确　　　　　　　　　　　B. 错误

4. 在数控机床的进给传动系统中，通常都采用（　　　）来连接两轴（伺服或步进电机的轴与滚珠丝杠）的旋转运动。

　　A. 齿轮　　　　　　　　　　　B. 铰链

　　C. 键槽　　　　　　　　　　　D. 无间隙传动联轴器

5. 为了实现带传动的准确定位，常用多楔带和（　　　）。

　　A. 齿形带　　　　　　　　　　B. V 形带

　　C. 平带　　　　　　　　　　　D. 多联 V 形带

四、评价反馈

序号	考评内容	分值	评价方式			备注
			自评	互评	师评	
1	任务一	10				
2	任务二	10				
3	任务三	40				
4	知识巩固	20				
5	书写规整	10				
6	团队合作精神	10				
	合计	100				

五、个人总结

序号	记 录 总 结	反 思 提 升
1		
2		
3		
4		
5		
6		

项目 8
数控机床故障诊断与维修

项目导入

数控机床，作为精密制造领域的基石，其运行状态的稳定与可靠直接关乎生产效率和产品质量的优劣。面对数控机床可能遭遇的故障，及时且准确的诊断与维修成为维持机床高效运作不可或缺的一环，这涉及电气控制系统、机械构造及先进的控制系统等多个复杂领域的细致诊断与精确修复。各类故障的根源、表现形式及应对措施，无一不深刻影响着机床的恢复效率及整个生产线的运作效能。

本项目将全面探讨数控机床的故障诊断与维修方法，涵盖系统的基本构成、故障诊断的基本原则及维修过程中的关键步骤与注意事项。我们将遵循循序渐进的原则，从初步检查到深入剖析，直至精准锁定故障点并实施高效修复，每一步都力求严谨细致，确保维修工作的精确无误。

任务目标

- **知识目标**
1. 了解数控机床维修所需要的基本要求。
2. 了解数控机床维修所需要的基本检查。
- **能力目标**
1. 熟悉数控机床故障诊断的方法。
2. 掌握数控机床故障维修的相关典型方案。
- **素养目标**
1. 培养学生严谨认真、精益求精的工匠精神。
2. 激发学生对工作的热爱和对完美的追求，树立正确的职业态度和价值观。

相关知识

任务 8.1　数控机床故障诊断与维修方法

8.1.1　数控维修的基本要求

数控机床作为现代制造业中的关键设备，其稳定运行对于提高生产效率、保证产品质量至关重要。因此，数控维修工作显得尤为重要。

在进行数控维修时，需要遵循以下基本要求。

151

1. 充分的准备

维修前，必须确保拥有足够的技术资料、专用工具和备件。技术资料包括机床使用说明书、CNC 使用手册、PLC 程序和编程手册、机床参数清单、伺服和主轴驱动使用说明书以及主要功能部件说明书等。这些资料为维修人员提供了详细的机床结构、工作原理、故障排查和维修方法等信息。专用工具则用于拆卸、检测和修复机床的各个部件。备件则用于替换损坏或磨损的部件，确保机床迅速恢复正常运行。

2. 准确判断故障

维修人员需要具备丰富的专业知识和实践经验，能够准确判断机床的故障原因。在诊断过程中，应充分利用技术资料，结合机床的报警信息、运行状态和维修记录等信息，对故障进行综合分析。同时，维修人员还需要掌握一些常用的故障诊断方法，如观察法、测量法、替换法等，以便快速定位故障点。

3. 科学的维修方法

维修方法的选择应根据故障的具体情况而定。对于简单的故障，如电气连接不畅、元件损坏等，可以直接进行修复或更换。对于复杂的故障，如机械传动系统故障、控制系统故障等，则需要采用更为复杂的维修方法，如调整传动参数、优化控制程序等。在维修过程中，维修人员应严格遵守操作规程，确保维修质量和安全。

4. 及时的故障记录

维修人员应对每次维修过程进行详细记录，包括故障现象、故障原因、维修方法、维修结果等信息。这些记录有助于维修人员总结经验教训、提高维修水平。同时，故障记录还可以为今后的维修工作提供参考，减少重复劳动和维修时间。

5. 持续的技能培训

随着数控机床技术的不断发展，维修人员需要不断更新自己的知识和技能。因此，企业应定期组织维修人员进行技能培训，提高他们的专业水平和技术能力。培训内容可以包括数控机床的工作原理、故障诊断方法、维修技巧等方面。通过培训，维修人员可以更好地适应新技术和新设备的要求，为企业的生产和发展提供有力保障。

8.1.2 数控机床的基本检查

数控机床的基本检查是维修工作的重要步骤之一。以下是数控机床基本检查的主要内容。

1. 外观检查

应首先对机床的外观进行仔细检查。观察机床的整体结构是否完整、各部件的连接是否牢固、防护装置是否完好。同时，检查机床的清洁情况，确保机床表面无油污、灰尘等杂物。这些检查有助于发现机床的潜在故障和安全隐患。

2. 电气系统检查

电气系统是数控机床的重要组成部分，其稳定性直接影响机床的运行效果。在电气系统检查中，应重点关注以下几个方面。

（1）电源检查：检查机床的电源电压、电流是否正常，确保机床的供电稳定、可靠。

（2）电缆连接检查：检查机床内部的电缆连接是否牢固，无松动、脱落现象。特别是 CNC 系统、伺服驱动器等关键部件的电缆连接，应格外注意。

（3）电气元件检查：检查机床的电气元件如继电器、接触器、保险丝等是否完好，无损坏、老化现象。这些元件的故障往往会导致机床的电气系统失效。

3. 机械系统检查

机械系统是数控机床实现加工功能的基础。在机械系统检查中，应重点关注以下几个方面。

（1）传动系统检查：检查机床的传动系统如齿轮、皮带、链条等是否磨损严重，无松动、异响现象。这些部件的磨损会影响机床的传动精度和稳定性。

（2）导轨与滑块检查：检查机床的导轨与滑块是否磨损、变形，润滑是否良好。导轨与滑块的性能直接影响机床的加工精度和表面质量。

（3）紧固件检查：检查机床各部件的紧固件如螺栓、螺母等是否松动，确保机床的整体结构稳定可靠。

4. 控制系统检查

控制系统是数控机床的大脑，负责控制机床的各个运动部件和加工过程。在控制系统检查中，应重点关注以下几个方面。

（1）CNC 系统检查：检查 CNC 系统的运行状态是否正常，无报警、错误信息。同时，检查 CNC 系统的程序存储、读取和编辑功能是否完好。

（2）PLC 系统检查：检查 PLC 系统的程序执行是否正常，各输入输出点是否工作正常。PLC 系统的故障往往会导致机床的控制逻辑失效。

（3）伺服驱动器检查：检查伺服驱动器的运行状态是否正常，无过热、过流等异常现象。伺服驱动器的性能直接影响机床的运动精度和响应速度。

5. 辅助功能检查

数控机床通常配备有多种辅助功能，如冷却系统、润滑系统、排屑系统等。这些辅助功能的正常运行对于保证机床的加工质量和稳定性至关重要。在辅助功能检查中，应重点关注以下几个方面。

（1）冷却系统检查：检查冷却系统的冷却液是否充足，管道是否畅通，冷却效果是否良好。

（2）润滑系统检查：检查润滑系统的润滑油脂是否充足，润滑点是否得到充分润滑。

（3）排屑系统检查：检查排屑系统的排屑效果是否良好，无堵塞、卡滞现象。

6. 安全检查

安全是数控机床运行的首要条件。在安全检查中，应重点关注以下几个方面。

（1）防护装置检查：检查机床的防护装置如防护罩、防护门等是否完好，无损坏、缺失现象。

（2）紧急停止装置检查：检查机床的紧急停止装置是否灵敏可靠，能够在紧急情况下迅速切断电源。

（3）安全警示标识检查：检查机床的安全警示标识是否清晰、醒目，提醒操作人员注意安全。

7. 运行测试

在完成上述各项检查后，还需要对机床进行运行测试。运行测试的目的是验证机床的各项功能是否正常，无异常现象。在运行测试中，应重点关注以下几个方面。

（1）空载运行测试：在机床无负载的情况下进行空载运行测试，观察机床的运行是否平稳、无异常声响。

（2）加工测试：选择适当的加工参数和工件进行加工测试，观察机床的加工精度和表面质量是否满足要求。

（3）报警与保护功能测试：测试机床的报警与保护功能是否灵敏可靠，能够在异常情况下及时发出报警并采取相应的保护措施。

通过基本检查，可以及时发现数控机床的潜在故障和异常情况，为后续的维修工作提供有力支持。同时，基本检查也是提高机床稳定性和可靠性的重要手段之一。

8.1.3　故障诊断方法

故障分析是进行数控机床维修的重要步骤，通过故障分析，一方面可以基本确定故障的部位与产生原因，为排除故障提供正确的方向，少走弯路；另一方面还可以检验维修人员素质、促进维修人员提高分析问题、解决问题能力的作用。

通常而言，数控机床的故障诊断主要有以下几种方法。

1. 自诊断功能法

现代数控系统已经具备较强的自诊断功能，能够随时监视数控系统的硬件和软件的工作状况。一旦发现异常，立即在 CRT 上显示报警信息或用发光二极管指示出故障的大致起因。利用自诊断功能，维修人员可以快速定位故障发生的部位，是维修工作的重要方法之一。

（1）启动诊断：CNC 系统每次从通电开始进入到正常的运行准备状态，系统内部诊断程序会自动执行诊断，以测出系统的大部分硬件故障。

（2）在线诊断：通过 CNC 系统的内装诊断程序，在系统处于正常运行状态时，实时自动对数控装置、伺服系统、外部的 I/O 及其他外部装置进行自动测试、检查，并显示有关状态信息和故障。

（3）离线诊断：当 CNC 系统出现故障或需要判断系统是否真有故障时，停机进行检查，即为离线诊断。离线诊断的主要目的是修复系统和故障定位，力求把故障定位在尽可能小的范围内。

2. 功能程序测试法

功能程序测试法是将数控系统的常用功能和特殊功能，如直线定位、圆弧插补、螺旋切削、固定循环、用户宏程序等，用手工编程或自动编程方法编制成一个功能测试程序，输入数控系统中，然后启动数控系统使之运行，借以检查机床执行这些功能的准确性和可靠性，进而判断故障发生的可能原因。

这种方法特别适用于长期闲置的数控机床第一次开机时的检查，以及机床加工造成废品但又无报警的情况下，难以确定是编程错误、操作错误还是机床故障时的情况。

3. 直观检查法

直观检查法是维修人员通过感官进行检查的一种方法，包括询问、目视、触摸和通电检查等步骤。

（1）询问：向故障现场人员仔细询问故障产生的过程、故障表现及故障后果。

（2）目视：查看机床各部分工作状态是否正常，电控装置有无报警指示，以及局部查看有无保险烧煅、元器件烧焦开裂、电线电缆脱落等。

（3）触摸：在整机断电条件下，通过触摸各主要电路板的安装状况、各插头座的插接状况等，来发现可能出现故障的原因。

（4）通电：为了检查有无冒烟、打火、异常声音、气味以及过热电动机和元件等，进行通电检查。一旦发现异常，立即断电分析。

4. 隔离法

隔离法是通过将某些控制回路断开，从而达到缩小查找故障区域的目的。例如，当某加工中心在JOG方式下进给平稳，但自动则不正常时，可以先断开伺服速度给定信号，用电池电压作信号，如果故障依旧，说明NC系统没有问题，再进一步检查其他部件。

5. 局部升温法

CNC系统经过长期运行后，元器件会老化，性能会变差。当它们尚未完全损坏时，出现的故障会变得时有时无。这时可用热吹风机或电烙铁等来局部升温被怀疑的元器件，加速其老化，以便彻底暴露故障部件。但需注意元器件的温度参数，避免烧坏原本好的器件。

6. 敲击法

敲击法适用于CNC系统出现的故障表现为时有时无的情况。由于CNC系统由多块印刷线路板组成，每块板上有许多焊点，板间或模块间通过插接件及电线相连，因此任何虚焊或接触不良都可能引起故障。当用绝缘物轻轻敲打有虚焊及接触不良的疑点处时，故障会重复再现，从而帮助维修人员定位故障部位。

7. 交换法

在分析出故障大致起因的情况下，维修人员可以利用备用的印制线路板、模板、集成电路芯片或元器件替换有疑点的部分，从而把故障范围缩小到印制线路板或芯片一级。这种方法要求维修人员有丰富的备件和快速更换的能力。

8. 测量法

测量法是使用万用表、示波器、逻辑测试仪等仪器对电子线路进行测量，从而定位故障的方法。维修人员需要根据数控系统的组成原理，从逻辑上分析出各点的逻辑电平和特征参数（如电压值或波形等），然后进行测量、分析和比较。

9. PLC梯形图跟踪法

数控机床出现的绝大部分故障都是通过PLC程序检查出来的。对于有些故障，虽然屏幕上有报警信息，但并没有直接反映报警的原因；还有些故障不产生报警信息，只是有些动作不执行。这时，跟踪PLC梯形图的运行是确诊故障的有效方法。维修人员可以通过PLC的状态显示信息监视相关的输入、输出及标志位的状态，跟踪程序的运行，从而定位故障。

任务8.2 数控机床常见机械部件故障

8.2.1 主轴部件故障

主轴部件是数控机床的关键组成部分，其故障直接影响到机床的加工精度和效率。主轴部件的常见故障主要包括以下几种。

1. 主轴发热

（1）故障现象：主轴在长时间运行后，可能会出现发热现象。这可能是由于轴承磨损或润滑不良导致的。例如，当主轴的轴承长时间使用后，滚珠与滚道之间的摩擦增大，会产生过多的热量。如果润滑油脂不足或者变质，无法有效地减少摩擦，也会使主轴发热加剧。

（2）维修方法：首先要检查润滑系统。如果是润滑油脂不足，应及时添加合适的油脂。对于变质的油脂，要彻底清洗润滑部位后重新加注新的油脂。如果是轴承磨损导致的发热，需要更换轴承。在更换轴承时，要确保轴承的安装精度，按照规定的安装工艺进行操作，如控制轴承的预紧力等。

2. 主轴振动

（1）故障现象：其振动可能源于不平衡的旋转部件。比如，在安装主轴刀具时，如果刀具安装不平衡，在高速旋转时就会产生离心力，从而引起主轴振动。另外，主轴的轴承损坏也会导致振动。当轴承的滚道出现磨损、滚珠破裂等情况时，主轴的旋转稳定性就会受到影响，进而产生振动现象。

（2）维修方法：对于因刀具安装不平衡引起的振动，要重新对刀具进行动平衡校正。如果是轴承损坏导致的振动，在更换轴承后，还需要对主轴的旋转精度进行检测和调整。可以使用专业的检测仪器，如激光干涉仪等，来检测主轴的径向跳动和轴向窜动，并根据检测结果进行调整。

3. 主轴精度下降

（1）故障现象：随着使用时间的增加，主轴的回转精度可能会降低。这可能是由于主轴的轴颈磨损、轴承间隙增大等原因造成的。例如，在一些加工精度要求较高的数控机床中，主轴轴颈的微小磨损就可能导致加工出来的零件尺寸精度和形状精度不符合要求。

（2）维修方法：当轴颈磨损时，如果磨损量较小，可以采用修复的方法，如镀铬、研磨等工艺来恢复轴颈的尺寸精度。如果磨损量较大，则需要更换主轴。对于轴承间隙增大的情况，要根据具体情况选择调整轴承间隙或者更换轴承。

8.2.2 进给传动链故障

进给传动链是数控机床实现加工运动的重要部件，其故障会导致机床的运动质量下降，影响加工精度和效率。进给传动链的常见故障主要包括以下几种。

1. 传动精度下降

（1）故障现象：进给传动链中的各个部件，如丝杠、螺母、联轴器等的磨损会导致传动精度下降。例如，丝杠的螺纹磨损后，会使丝杠与螺母之间的配合间隙增大，从而在进给运动时产生误差。在加工过程中，就会表现为加工零件的尺寸误差增大，尤其是在进行高精度加工时，这种误差会更加明显。

（2）维修方法：如果是丝杠与螺母配合间隙增大导致的传动精度下降，可以通过调整螺母的预紧力来减小间隙。对于磨损严重的丝杠或螺母，需要进行更换。在更换时，要注意选择合适规格和精度等级的部件。对于联轴器的磨损，也需要根据磨损程度进行修复或更换，并且在安装时要保证联轴器的同轴度。

2. 传动噪声增大

（1）故障现象：当进给传动链中的滚动体（如滚珠丝杠中的滚珠）磨损、润滑不良或者有异物进入时，会产生较大的传动噪声。例如，滚珠丝杠中的滚珠如果表面出现磨损坑洼，在滚动过程中就会产生不规则的碰撞声。另外，如果润滑油脂中混入杂质，也会影响滚动的顺畅性，进而产生噪声。

（2）维修方法：对于滚珠磨损导致的噪声增大，需要更换滚珠丝杠中的滚珠。如果是润滑油脂问题，要清洗传动部件，去除杂质，然后重新加注干净、合适的润滑油脂。

3. 进给运动不顺畅

（1）故障现象：可能是由于传动链中的某个部件卡死或者阻力过大。例如，导轨副的摩擦力过大，可能是因为导轨的润滑不足或者导轨面有划伤。当导轨摩擦力过大时，会影响工作台的进给运动，使运动变得不顺畅，甚至出现卡顿现象。

（2）维修方法：当导轨摩擦力过大时，要先检查导轨的润滑情况，及时补充润滑油脂。如果导轨面有划伤，对于轻微划伤可以采用研磨的方法进行修复，对于严重划伤则需要更换导轨。同时，还要检查传动链中的其他部件，如电机与丝杠之间的联轴器是否松动等。

8.2.3 自动换刀装置故障

自动换刀装置是数控机床实现多工序加工的重要部件，其故障会导致换刀动作失败，影响加工效率和精度。自动换刀装置的常见故障主要包括以下几种。

1. 换刀动作不完成

（1）故障现象：可能是由于换刀的控制信号出现问题。例如，在 PLC 控制的自动换刀系统中，如果 PLC 程序出现错误，可能会导致换刀指令无法正确执行，从而使换刀动作不能完成。另外，换刀机构中的机械部件故障也会造成这种情况。如刀具夹紧装置失灵，不能松开或夹紧刀具，使得换刀过程无法继续。

（2）维修方法：如果是 PLC 程序错误，需要对 PLC 程序进行检查和修正。可以通过查看 PLC 的运行状态、输入输出信号等来查找程序中的错误点。对于刀具夹紧装置失灵的情况，要检查夹紧装置的液压或气动系统是否正常，如液压管路是否堵塞、气动元件是否损坏等。如果是机械部件损坏，如夹紧装置的弹簧断裂等，则需要更换相应的部件。

2. 换刀时间过长

（1）故障现象：一方面，可能是刀具库的刀具排列混乱。例如，在采用圆盘式刀库的数控机床中，如果刀具在刀库中的位置发生错乱，在寻找刀具时就会花费更多的时间。另一方面，换刀机构的运动部件磨损，导致运动速度下降，也会使换刀时间过长。

（2）维修方法：对于刀具库刀具排列混乱的情况，需要重新对刀具进行排序和定位。可以采用手动方式将刀具逐一归位到正确的位置。对于换刀机构运动部件磨损的问题，要对磨损的部件进行修复或更换。例如，对于磨损的齿轮，可以进行齿面修复或者更换新的齿轮，以加快换刀机构的运动速度。

3. 换刀过程中出现卡刀现象

（1）故障现象：可能是由于刀具在刀库中的定位不准确。例如，刀库中的刀具卡槽磨损或者有异物，会导致刀具在拔刀或插刀时不能准确进入卡槽，从而出现卡刀现象。同时，换刀机构中的传动部件如链条、齿轮等的磨损，也可能导致刀具运动不顺畅，进而出现卡刀现象。

（2）维修方法：如果是刀具在刀库中的定位不准确，要检查刀库的卡槽情况，对于磨损的卡槽可以进行修复或更换。同时要清理卡槽中的异物。对于换刀机构传动部件磨损导致的卡刀，要对磨损的链条、齿轮等进行修复或更换，并调整传动部件之间的配合精度。

8.2.4　各轴运动位置行程开关压合故障

各轴运动位置行程开关是数控机床实现精确定位和保护的重要部件，其故障会导致机床的运动位置偏离或产生保护报警。各轴运动位置行程开关的常见故障主要包括以下几种。

1. 超程报警

（1）故障现象：当行程开关压合出现故障时，可能会导致机床各轴出现超程报警。例如，行程开关的触头磨损或者被异物卡住，无法正常感应轴的运动位置，使得机床控制系统误认为轴已经超出正常的运动范围，从而触发超程报警。这与因机械部件损坏、联结不良等原因引起的故障相关，行程开关触头磨损属于机械部件损坏。

（2）维修方法：对于行程开关本身故障，要首先对行程开关进行检查。可以使用万用表测量行程开关的通断情况，正常情况下，在未压合时应该是断开状态，压合时应该是导通状态。如果不符合这个情况，就要更换行程开关。对于触头磨损的情况，可以尝试修复触头，如采用打磨的方法去除触头表面的氧化层和磨损部分，但如果磨损严重则需要更换行程开关。对于内部弹簧失效的情况，要更换新的弹簧。如果是机械部件松动或位移导致的超程报警，要检查各轴的丝杠螺母连接情况，重新紧固螺母。同时，要检查轴与工作台等部件的连接是否牢固，如有松动，要及时紧固。此外，还要检查传动部件，如联轴器是否松动，如有问题要进行调整或更换。

2. 轴运动失控

（1）故障现象：如果行程开关的信号传输线路出现故障，如线路断路或者短路，会导致轴运动的控制信号出现紊乱，进而使轴运动失控。在这种情况下，轴可能会不受控制地继续运动，可能会对机床造成损坏，甚至引发安全事故。

（2）维修方法：当行程开关一直处于压合状态时，要检查触头是否被异物卡住。如果是，要清除异物，使行程开关能够正常工作。如果行程开关本身损坏，要及时更换。对于行程开关未正常压合导致的运动失控，要检查行程开关的安装位置是否正确，如有偏差，要重新调整安装位置。同时，要检查与行程开关相关的机械传动部件，如是否有干涉现象，如有，要排除干涉，确保行程开关正常压合和释放。

3. 轴运动定位不准确

（1）故障现象：行程开关压合不准确会影响轴运动的定位精度。例如，当行程开关的安装位置发生偏移时，轴在到达指定位置时不能准确触发行程开关，使得控制系统无法准确获取轴的位置信息，从而导致轴运动定位不准确。

（2）维修方法：首先检查行程开关的安装位置是否正确。如有偏差，要重新调整安装位置，确保行程开关能够在轴到达指定位置时准确压合。同时，检查与行程开关相关的机械传动部件，如联轴器是否松动。若联轴器松动，会影响轴运动与行程开关压合动作的准确性，如有问题，要进行调整或更换。

8.2.5　配套辅助装置故障

配套辅助装置是数控机床实现高效、稳定加工的重要支撑部件，其故障会影响机床的整体性能和加工精度。配套辅助装置的常见故障主要包括以下几种。

1. 液压系统故障

（1）故障现象：液压系统发热、泄漏或压力不足，导致机床运动部件无法正常工作。例如，液压泵噪声大、液压缸无动作或动作缓慢、油液污染严重等。

（2）可能原因：液压油牌号不正确、油路堵塞、液压泵损坏、密封件老化或损坏等。

（3）维修方法：检查液压油牌号是否正确，如不正确，应更换合适的液压油。清洗油路，检查并更换损坏的密封件和液压油管。检查液压泵的工作状态，如损坏应更换新的液压泵。定期检查液压系统的压力和温度，确保其在正常范围内。

2. 气压系统故障

（1）故障现象：气压系统压力不足或不稳定，导致机床气动部件无法正常工作。例如，气缸动作无力、气路漏气、气压表指示不准确等。

（2）可能原因：气源压力不足、气路堵塞、气压元件损坏或老化等。

（3）维修方法：检查气源压力是否足够，如不足，应调整气源压力。检查气路是否堵塞，如堵塞应清理气路。更换损坏或老化的气压元件，如气缸、气压阀等。定期检查气压系统的压力和稳定性，确保其在正常范围内。

3. 冷却系统故障

（1）故障现象：冷却系统堵塞或冷却液不足，导致机床热部件无法有效冷却。例如，冷却液喷嘴堵塞、冷却液变质或不足等。

（2）可能原因：冷却液循环不畅、冷却系统清洁度不够、冷却液变质等。

（3）维修方法：清洗冷却液喷嘴，确保冷却液顺畅喷出。更换变质或不足的冷却液，确保冷却液的清洁度和充足性。检查冷却系统的循环管路和泵的工作状态，如有问题，应及时修复。

4. 夹具故障

（1）故障现象：夹具夹紧力不足或持续松动，导致零件位置偏离或加工精度下降。例如，夹具无法夹紧工件、夹具松动或损坏等。

（2）可能原因：夹具工作面不干净、夹紧螺栓松动或损坏、夹具结构不合理等。

（3）维修方法：清理夹具工作面，确保其干净无杂物。检查并紧固夹紧螺栓，确保其无松动或损坏。如夹具结构不合理或损坏严重，应更换新的夹具。

5. 工作台故障

（1）故障现象：工作台移动失败或移动精度下降，导致加工位置偏移或加工精度下降。例如，工作台无法移动、移动时晃动或卡顿、定位不准确等。

（2）可能原因：导轨和螺杆损坏或磨损、工作台结构松动或变形、传动系统故障等。

（3）维修方法：检查导轨和螺杆的磨损情况，如磨损严重应更换新的导轨和螺杆。检查工作台结构的松动和变形情况，如有问题应及时修复。检查传动系统的故障情况，如有问题，应修复或更换损坏的传动部件。

任务 8.3　机床参考点与返回参考点的故障与维修

数控机床的参考点是机床坐标系的原点，它对于确定机床的工作区域和进行精确的零件加工至关重要。机床在开机后通常需要进行返回参考点的操作，以确保系统的位置记数与脉冲编码器的零位脉冲同步，从而建立起正确的机床坐标系。这一过程对于消除丝杠间隙的累计误差及丝杠螺距误差补偿对加工的影响也非常重要。

8.3.1　机床参考点故障

1. 故障现象

机床参考点丢失或不稳定，导致机床无法准确找到初始位置。

2. 可能原因

（1）编码器或光栅尺等位置检测元件故障。

（2）系统参数设置错误，如参考点位置参数被更改。

（3）机械部件松动或损坏，如传动系统、导轨等。

（4）电气元件故障，如伺服电机、控制器等。

3. 维修方法

（1）检查并更换损坏的位置检测元件。

（2）根据机床说明书或备份参数，重新设置系统参数。

（3）对机械部件进行检查和调整，确保其紧固和完好。

（4）检查电气元件的工作状态，如有故障，应更换或修复。

8.3.2　返回参考点故障

1. 无减速动作故障

（1）故障现象：机床在返回参考点时，无减速动作，一直运动到触及限位开关而停机。

（2）可能原因：返回参考点减速开关失效；开关压下后不能复位；减速挡块松动移位；机床回参考点时零点脉冲不起作用。

（3）维修方法。

1）使用"超程解除"功能按钮，解除机床的坐标超程报警。

2）检查减速挡块和回参考点减速开关是否松动，及其相应的行程开关减速信号线是否有短路或断路现象。

3）更换损坏的减速开关或调整其位置。

2. 未找到参考点故障

（1）故障现象：机床在返回参考点过程中有减速，但直到触及限位开关报警而停机，没有找到参考点。

（2）可能原因：编码器或光栅尺在回参考点操作中没有发出已经回参考点的零标志位信号；回参考点零标记位置失效；回参考点的零标志位信号在传输或处理过程中丢失；测

量系统硬件故障，不识别回参考点的零标志位信号。

（3）维修方法。

1）检查编码器或光栅尺的工作状态，确保其能正常发出零标志位信号。

2）检查回参考点零标记位置是否准确，如有偏差，应进行调整。

3）检查信号传输和处理过程，确保无丢失或干扰。

4）更换损坏的测量系统硬件。

3. 参考点位置不准确故障

（1）故障现象：机床返回参考点时，位置不准确，有偏差。

（2）可能原因：回参考点的零标志位信号被错过；减速挡块离参考点位置太近；信号干扰、挡块松动、回参考点零标志位信号电压过低等因素。

（3）维修方法。

1）调整减速挡块的位置，使其与参考点位置保持适当的距离。

2）检查并排除信号干扰、挡块松动等因素。

3）调整回参考点零标志位信号的电压和稳定性。

4. 报警不执行返回动作故障

（1）故障现象：机床在返回参考点时，发出报警信息，但不执行返回参考点动作。

（2）可能原因：设定参数被更改，如指令倍数比、检测倍乘比、回参考点快速进给速度、接近原点的减速速度等被设为零。

（3）维修方法。

1）检查机床的设定参数，确保指令倍数比、检测倍乘比、回参考点快速进给速度、接近原点的减速速度等参数设置正确。

2）如参数被更改，应按备份参数或机床说明书进行重新设置。

任务 8.4　刀架故障诊断方法

8.4.1　刀架旋转不到位的故障与排除

刀架旋转不到位的故障原因与排除方法见表8.1。

表 8.1　　　　　　　刀架旋转不到位的故障原因与排除方法

序号	故 障 原 因	排 除 方 法
1	液压系统出现问题，油路不畅通或液压阀出现问题	检查液压系统
2	液压马达出现故障	检查液压马达是否正常工作
3	刀库负载过重，或者有阻滞的现象	检查刀库装刀是否合理
4	润滑不良	检查润滑油路是否畅通，并重新润滑

8.4.2　刀架锁不紧的故障与排除

刀架锁不紧的故障原因与排除方法见表8.2。

表 8.2　　　　　　　　　　刀架锁不紧的故障原因与排除方法

序号	故 障 原 因	排 除 方 法
1	刀架反转信号没有输出	检查线路是否有误
2	刀架锁紧时间过短	增加锁紧时间
3	机械故障	重新调整机械部分

8.4.3　刀架电动机不转的故障与排除

刀架电动机不转的故障原因与排除方法见表 8.3。

表 8.3　　　　　　　　刀架电动机不转的故障原因与排除方法

序号	故 障 原 因	排 除 方 法
1	电源相序接反（使电动机正反转相反）或电源缺相（适用普通车床刀架）	将电源相序调换
2	PLC 程序出错，换刀信号没有发出	重新调试 PLC

任务 8.5　进给传动系统的维护与故障诊断

进给传动系统是数控机床中至关重要的组成部分，其稳定性和精度直接影响机床的加工质量和效率。因此，对进给传动系统的维护与故障诊断显得尤为重要。

8.5.1　进给系统机械传动结构

通常，一个典型的数控机床半闭环控制进给系统由位置比较、放大元件、驱动单元、机械传动装置和检测反馈元件等几部分组成。其中，机械传动装置是指将驱动源的旋转运动变为工作台的直线运动的整个机械传动链，包括联轴器、齿轮装置、丝杠螺母副等中间传动机构，如图 8.1 所示。

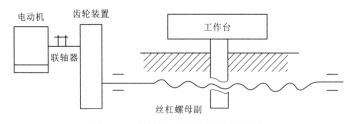

图 8.1　进给传动机械装置的构成

8.5.2　滚珠丝杠螺母副的调整与维护

滚珠丝杠螺母副是数控机床进给传动系统中的核心部件，其性能直接影响到机床的加工精度和稳定性。因此，对滚珠丝杠螺母副的调整与维护显得尤为重要。

滚珠丝杠螺母副克服了普通螺旋传动的缺点，已发展成为一种高精度的传动装置。它采用滚动摩擦螺旋取代了滑动摩擦螺旋，具有磨损小、传动效率高、传动平稳、寿命长、精度高、温升低等优点。但是，它不能自锁，用于升降传动（如主轴箱或工作台升降）时需要另加锁紧装置，结构复杂、成本偏高。

1. 滚珠丝杠螺母副的结构

滚珠丝杠螺母副主要由丝杆、螺母、滚珠和滚道（回珠器）、螺母座等组成。

工作原理：在丝杆和螺母上加工弧形螺旋槽，当它们套装在一起时便形成螺旋滚道，并在滚道内装满滚珠。而滚珠则沿滚道滚动，并经回珠管作周而复始的循环运动。回珠管两端还起挡珠的作用，以防滚珠沿滚道掉出。

滚珠丝杠螺母副的滚珠循环方式有两种：滚珠在循环过程中有时与丝杠脱离接触的成为外循环［如图 8.2（b）所示］，始终与丝杠保持接触的成为内循环［如图 8.2（a）所示］。

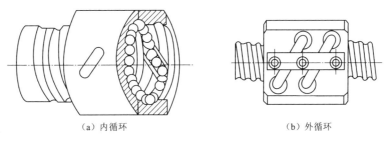

（a）内循环 　　　　　　　　　　　　（b）外循环

图 8.2　滚珠丝杠螺母副结构

（1）外循环：外循环是常用的一种外循环方式。这种结构是在螺母体上轴向相隔数个半导程处钻两个孔与螺旋槽相切，作为滚珠的进口与出口。再在螺母的外表面上铣出回珠槽并沟通两孔。另外，在螺母内进出口处各装一挡珠器，并在螺母外表面装一套筒，这样构成封闭的循环滚道。外循环结构制造工艺简单，使用较广泛。其缺点是滚道接缝处很难做得平滑，影响滚珠滚动的平稳性，甚至发生卡珠现象，噪声也较大。

（2）内循环：内循环均采用反向器实现滚珠循环，数控机床反向器有两种型式。圆柱凸键反向器，反向器的圆柱部分嵌入螺母内，端部开有反向槽。反向槽靠圆柱外圆面及其上端的凸键定位，以保证对准螺纹滚道方向。扁圆镶块反向器，反向器为一半圆头平键形镶块，镶块嵌入螺母的切槽中，其端部开有反向槽。两种反向器比较，后者尺寸较小，从而减小了螺母的栏手向尺寸及缩短了轴向尺寸。

2. 双螺母螺纹消隙

螺母 1 的外端有凸缘，螺母 2 外端有螺纹，调整时只要旋动圆螺母 6 即可消除轴向间隙，并可产生预紧力（图 8.3）。

这种方法结构简单，但较难控制，容易松动，准确性和可靠性均差。

3. 双螺母垫片消隙

滚珠丝杆螺母副采用双螺母结构（类似于齿轮副中的双薄片齿轮结构）通过改变垫

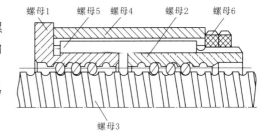

螺母1　螺母5　螺母4　　螺母2　螺母6

螺母3

图 8.3　双螺母螺纹消隙结构

片的厚度使螺母产生轴向位移，从而使两个螺母分别与丝杆的两侧面贴合。当工作台反向时，由于消除了侧隙，工作台会跟随 CNC 的运动指令反向而不会出现滞后（图 8.4）。

这种方法结构简单，拆卸方便，工作可靠，刚性好；但使用中不便于调整，精度低。

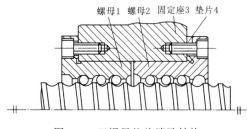

图 8.4 双螺母垫片消隙结构

4. 双螺母齿差消隙

双螺母齿差消隙是利用两个锁紧螺母调整预紧力的结构（图 8.5）。两个工作螺母以平键与外套相连，其中右边的一个螺母外伸部分有螺纹。当两个锁紧螺母转动时，正是由于平键限制了工作螺母的转动，才使带外螺纹的工作螺母能相对于锁紧螺母轴向移动。间隙调整好后，对拧两锁紧螺母即可。

这种调整方法精度高，预紧准确可靠，调整方便，多用于高精度的传动。

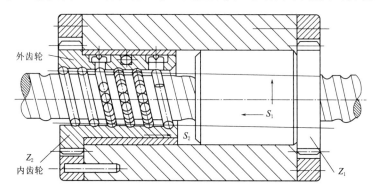

图 8.5 双螺母齿差消隙结构

两个工作螺母的凸缘上分别切出齿数为 Z_1、Z_2 的齿轮，且 Z_1、Z_2 相差一个齿，即 $Z_2-Z_1=1$，两个齿轮分别与两端相应的内齿圈相啮合，内齿圈紧固在螺母座上。设其中的一个螺母 Z_1 转过一个齿时，丝杆的轴向移动量为 S_1，则有：$Z_1:1=T:S_1$ 则 $S_1=T/Z_1$。如果两个齿轮同方向各转过一个齿，则丝杆的轴向位移为：$AS=S_1-S_2=T/Z_1-T/Z_2=T/Z_1Z_2$。

5. 常见故障与排除方法

滚珠丝杠副常见故障的现象、原因及排除方法见表 8.4。

表 8.4 　　　　　　　　　滚珠丝杠副常见故障的现象、原因及排除方法

序号	故障现象	故障原因	排除方法
1	滚珠丝杠副噪声	丝杠支承的压盖压合情况不好	调整轴承压盖，使其压紧轴承端面
		丝杠支承轴承破损	更换新轴承
		电动机与丝杠联轴器松动	拧紧联轴器锁紧螺母
		丝杠润滑不良	改善润滑条件
		滚珠丝杠副轴承有破损	更换新滚珠
2	滚珠丝杠运动不灵活	轴向预紧力太大	调整轴向间隙和预加载荷
		丝杠与导轨不平行	调整丝杠支座位置
		螺母轴线与导轨不平行	调整螺母位置
		丝杠弯曲变形	校直丝杠
3	滚珠丝杠副润滑不良	检查各滚珠丝杠副润滑	用润滑脂润滑的丝杠，需添加润滑脂

8.5.3　导轨副的调整与维护

机床导轨主要用来支承和引导运动部件沿一定的轨道运动。运动的部分称为动导轨，不动的部分称为支承导轨。动导轨相对于支承导轨的运动，通常是直线运动或回转运动。

1. 导轨副的结构

数控机床由于结构形式多种多样，采用的导轨也种类众多。机床导轨按运动导轨的轨迹分为直线运动导轨副和旋转运动导轨副。数控机床常用的直线运动滑动导轨的截面形状如图8.6所示，M 面起支承兼导向作用，起主要导向作用的 N 面磨损后不能自动补偿间隙，需要有间隙调整装置，J 面是防止运动部件抬起的压板面。根据支承导轨的凸凹状态，又可分为凸形（上）和凹形（下）两类导轨。凸形需要有良好的润滑条件。凹形容易存油，但也容易积存切屑和尘粒，因此适用于具有良好防护的环境。

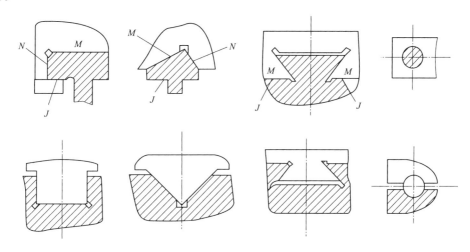

图8.6　常用导轨副

2. 导轨副间隙调整

如果导轨副的轨面间隙过小，则摩擦阻力大，导轨磨损加剧；如果间隙过大，则运动失去准确性和平稳性，失去导向精度。调整间隙的方法如图8.7所示。如间隙过大，应修磨或刮研；若间隙过小或压板与导轨压得太紧，则可刮研或修磨。

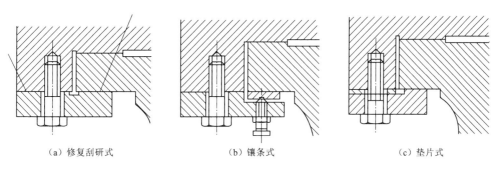

（a）修复刮研式　　　　　　（b）镶条式　　　　　　（c）垫片式

图8.7　导轨副间隙调整方法

（1）修复刮研式：修复刮研式是一种传统的调整方法，通过刮研或修磨导轨副的接触面来获得合适的间隙。这种方法适用于间隙过大或过小的情况，通过刮研可以调整接触面的几何形状，使导轨面与支承面的间隙均匀，达到规定的接触点数。如果间隙过大，应修磨和刮研 B 面；间隙过小或压板与导轨压得太紧，则可刮研或修磨 A 面。

（2）镶条式：镶条式调整是通过在导轨副之间插入镶条来调整间隙的方法。常用的镶条有两种：等厚度镶条和斜镶条。等厚度镶条是一种全长厚度相等、横截面为平行四边形或矩形的平镶条，通过侧面的螺钉调节和螺母锁紧，以其横向位移来调整间隙。斜镶条则是一种全长厚度变化的斜镶条，以其斜镶条的纵向位移来调整间隙，斜度通常为 1∶40 或 1∶100，由于楔形的增压作用会产生过大的横向压力，因此调整时应细心。

（3）垫片式：垫片式调整是通过在导轨副之间增加或减少垫片的片数或厚度来调整间隙的方法。这种方法简单易行，适用于间隙较小的情况。通过改变垫片的数量或厚度，可以调整导轨面与支承面之间的间隙，使其达到理想的状态。

3. 导轨副润滑与防护

（1）润滑的方式：导轨最简单的润滑方式是人工定期加油或油杯供油。这种方法简单、成本低，但不可靠，一般用于调节的辅助导轨及运动速度低、工作不频繁的滚动导轨。

（2）油槽形式：为了把润滑油均匀地分布到导轨的全部工作表面，须在导轨面上开出油槽，油经运动部件上的油孔进入油槽，油槽的形式如图8.8所示。

图 8.8　油槽的形式

4. 常见故障与排除方法

导轨副故障的现象、原因及排除方法见表8.5。

表 8.5　　　　　　　　　导轨副故障的现象、原因及排除方法

序号	故障现象	故障原因	排除方法
1	导轨研伤	机床长期使用水平发生变化	定期进行床身导轨水平度调整
		导轨局部磨损严重	合理分布工件安装位置，避免负荷集中
		导轨润滑不良	调整导轨润滑油压力和流量
		导轨间落入赃物	加强机床导轨防护装置
2	移动部件运动不良或不能移动	导轨面研伤	修复导轨研伤表面
		导轨压板过紧	调整压板与导轨间隙
3	滚珠丝杠副润滑不良	导轨直线度超差	调整导轨使允差为 0.015mm/500mm
		机床导轨水平度发生弯曲	调整机床安装水平度在 0.02mm/1000mm 内

项目实施

实训工单　数控机床故障诊断与维修

一、实训目标
1. 能够分析故障原因并选择合适的维修方法，拟订维修方案。
2. 能够正确解读维修任务，并按环境要求准备个人保护用品及工具。
3. 能够根据机床的故障特征询问操作者，并用直观法进行初步检查。

二、任务实施
以小组形式，对数控机床的故障进行诊断与维修。

任务一：观测并检查待修机床。根据小组讨论，在表8.6中填入任务计划分配。

表8.6　　　　　　　　　　小 组 任 务 计 划 表

班级：＿＿＿＿＿＿　　　组别：＿＿＿＿＿＿　　　日期：＿＿＿＿＿＿
学生姓名：＿＿＿＿＿　指导教师：＿＿＿＿＿　成绩（完成或没完成）：＿＿＿＿＿

步骤	任 务 内 容	完 成 人 员
1		
2		
3		
4		
5		
6		

任务二：分析故障原因，讨论并将任务过程中所需要准备的工具与材料填入表8.7。

表8.7　　　　　　　　　需要的工具和材料清单

类型	名称	规格	单位	数量
工具				

任务三：小组实施故障诊断与维修工作，并排除故障。过程中记录故障诊断与维修事项并逐项检测安装与维修的质量。

三、知识巩固

1. 滚珠丝杠螺母副，按滚珠返回的方式不同可以分为（　　　）和（　　　）两种。

2. 提高开环进给伺服系统精度的补偿措施有（　　　）补偿和（　　　）补偿。

3. 数控功能的检验，除了用手动操作或自动运行来检验数控功能的有无以外更重要的是检验其（　　　）和（　　　）。

4. 提高进给运动低速平稳性的措施有：降低（　　　），减少（　　　），提高（　　　）。

5. 四位电动刀架锁不紧时，应先采用（　　　）的办法处理。

  A. 延长刀架电机正转时间   B. 延长刀架电机反转时间

  C. 用人工锁紧   D. 更换刀架电机

6. 刀架某一位刀号转不停，其余刀位可以正常工作，其原因是（　　　）。

  A. 无 24V 电压   B. 无 0V 电压

  C. 刀架控制信号干扰   D. 此刀位的霍尔元件损坏

四、评价反馈

序号	考评内容	分值	评价方式			备注
			自评	互评	师评	
1	任务一	10				
2	任务二	10				
3	任务三	40				
4	知识巩固	20				
5	书写规整	10				
6	团队合作精神	10				
	合计	100				

五、个人总结

序号	记 录 总 结	反 思 提 升
1		
2		
3		
4		
5		
6		